中国科普作家协会国防科普委员会推荐图书

舰船科普丛书

国之重器

中国船舶及海洋工程设计研究院
上海市船舶与海洋工程学会
上海交通大学

主编

支 援 舰

李刚强　林伍雄

编著

上海科学技术出版社

图书在版编目(CIP)数据

支援舰 / 中国船舶及海洋工程设计研究院,上海市船舶与海洋工程学会,上海交通大学主编;李刚强,林伍雄编著.—上海:上海科学技术出版社,2019.9
(国之重器:舰船科普丛书)
ISBN 978-7-5478-4476-2

Ⅰ.①支… Ⅱ.①中… ②上… ③上… ④李… ⑤林… Ⅲ.①战舰-青少年读物 Ⅳ.①E925.6-49

中国版本图书馆CIP数据核字(2019)第111503号

舰船科普丛书

支援舰

中国船舶及海洋工程设计研究院
上海市船舶与海洋工程学会   **主编**
上 海 交 通 大 学

李刚强 林伍雄 **编著**

上海世纪出版(集团)有限公司
上海科学技术出版社   出版、发行
(上海钦州南路71号 邮政编码200235 www.sstp.cn)
上海盛通时代印刷有限公司印刷
开本 787×1092 1/16 印张 14 插页 4
字数 240千字
2019年9月第1版 2019年9月第1次印刷
ISBN 978-7-5478-4476-2 / N·175
定价:80.00元

本书如有缺页、错装或坏损等严重质量问题,请向工厂联系调换

内容提要

支援舰是海军各种类型的勤务舰船（也称"军辅船"），担负着为海军战斗舰艇提供物质补给、作战训练、医疗救助等各项支援保障的任务，是海军舰船装备中很重要的分支种类。

本书以补给舰、训练舰、医院船为支援舰的典型代表，既生动形象地介绍了支援舰的重要作用、发展历程及国内外典型的补给舰、训练舰和医院船，又图文并茂地描绘了补给舰的补给方式、训练舰的训练科目和医院船的使命任务等情况，让读者在体会中国支援舰发展艰辛历程的同时，看到新中国成立70周年以来在支援舰设计建造方面所取得的巨大成就，激励广大青少年奋发图强，投身祖国的国防事业！

国之重器 —— 舰船科普丛书

编委会

■ **主　任**

邢文华

■ **副主任**

黄　震　卢　霖　林　鸥　盛纪纲　胡敬东
韩　华　张　毅

■ **委　员**

陈　刚　沈伟平　姜为民　李小平　黄　蔚
赵洪武　王　洁　冯学宝　王　磊　张莉芬
张达勋　张　超　景宝金　吴伟俊　倪明杰
许　刚　孟宪海　王文凯　韩　龙　余继亮

国之重器——舰船科普丛书

专家委员会

■ **主　任**

曾恒一　潘镜芙

■ **副主任**

韩　华　郑茂礼　郑　晖　杨德昌　田小川

■ **委　员**

王佩宏　张照华　郭彦良　张关根　杨葆和
俞宝均　张文德　张福民　涂仁波　毛献群
张祥瑞　马　涛　吴正廉　徐寿钦　陈德耀
张仲根　戴自昶　张　帆　罗杏春　马炳才
刘厚恕　张太佶　张富明　李志刚　李新仲
谢　彬　王建方　李刚强　吴　刚　徐　萍
王彩莲　张海瑛　仲伟东　于再红　丁伟康

国之重器——舰船科普丛书 编辑部

- **主　编**

　　张　毅

- **编写人员（以姓氏笔画为序）**

于再红	卫琛喻	王　庆	王　建	王　莉
王建方	韦　强	曲宁宁	任　毅	刘积骅
祁　斌	牟朝纲	牟蕾频	杨　添	李　成
李刚强	李招凤	吴贻欣	邱伟强	张宗科
张富明	林伍雄	范永鹏	尚亚杰	尚保国
罗杏春	单铁兵	赵吉庆	段雪琼	俞　赟
施　璟	洪　亮	姚　亮	贺慧琼	秦　硕
徐春阳	唐　尧	陶新华	黄小燕	曹大秋
曹才轶	曹永恒	梁东伟	韩　龙	虞民毅
魏跃峰				

总 序

　　海洋之美，浩瀚、静谧、神秘。人类生存的地球表面71%覆盖着海洋，陆地被海洋包围着，仿若不沉之"舟"。

　　中华人民共和国，既是一个拥有960万平方千米陆地疆域的陆地大国，也是一个东部和南部大陆海岸线约1.8万千米、内海和边海的水域面积约470万平方千米、海域分布有大小岛屿7 600多个的海洋大国。提高海洋资源开发能力、发展海洋经济、保护海洋生态环境、坚持维护国家海洋权益、建设海洋强国，事关国家安全和长远发展，也对实现中华民族伟大复兴的中国梦具有十分重要的战略意义。

　　工欲善其事，必先利其器。经略海洋，装备当先。只有拥有强大的海洋装备作支撑，才能形成强大的海上力量，才能保障安全可靠的海上能源和贸易通道，才能拥有海洋权益的话语权。能犁开万顷碧波的舰船，正是建设海洋强国的"国之重器"。

　　经过几代中国舰船人的努力，我们取得了骄人的成绩。第一艘航母已交接入列，第二艘航母又下水海试；新型弹道导弹核潜艇受到世界各国的关注；"滨州"号护卫舰、"昆仑山"号船坞登陆舰等在亚丁湾为过往船舶保驾护航；"临沂"号护卫舰参与也门撤侨，彰显大国担当；"和平方舟"号医院船多次赴海外开展医疗服务和救灾援助；自主设计制造的20 000箱超大型集装箱船助力中欧航线的运输；"天鲲"号绞吸挖泥船向世界展示什么叫作历练终成金；"雪龙2"号科考船即将承载起极地探索的使命……

　　这一个个令人振奋的消息背后，是"国之重器"建设大军只争朝夕、锐意进取、拼搏奋斗、攻坚克难的身影。"功以才成，业由才广"，世上一切事物中人是最宝贵的，一切创新成果都是人做出来的。硬实力、软实力，归根到底要靠人才实力。科技发展史证明：谁拥有了一流创新人才、拥有了一流科学家，谁就能在科技创新中占据优势。

　　在中国建设海洋强国的道路上，"国之重器"建设大军的每一个岗位都必须后继有

人,有人传承,有人接班!

少年强则中国强。为增强青少年的海洋和国防意识,普及舰船和海洋工程科学知识,我们编撰了一部以青少年为主要对象、面向公众的科普读物"国之重器——舰船科普丛书"(简称"丛书")。丛书以舰船为主线,全面展现新中国成立近70年以来,自主研制国之重器的艰难历程及取得的辉煌成就,使广大青少年从中汲取知识、增长才干、坚定信念、强化担当。

这套丛书共20分册,涵盖海洋防卫、海洋运输、海洋科考、海洋开发等方面,包括:海上霸主——航空母舰、深海巨鲨——潜艇、海上科学城——航天测量船、探究海洋奥秘的科学考察船、造船工业皇冠上的明珠——液化气运输船、海上巨无霸——集装箱船、超大型油船、造岛神器——大型挖泥船、海上石油城——钻井平台等。

丛书由从事舰船和海洋工程科研、设计、建造的100余位专家、技术骨干和青年科技工作者执笔,并经30余位专家审阅,历时2年编写而成。

当代青少年和公众涉猎面广,超前意识和多维立体思维能力强,具有令人刮目相看的理解能力。丛书撰写者充分考虑到青少年和公众读者的阅读要求,量身定制、兼收并蓄,将舰船知识图谱化,采用重点讲解、型号示例等方法,使专业知识通俗易懂,增强了丛书的可读性。

博览众采,传承知识。丛书通过科学的体例设置,涵盖军用舰船、民用船舶和海工装备的相关知识,体系庞大而有序,知识通俗而有内涵,突出展现了丛书内容的鲜明特色,使广大青少年读者一书在手,舰船在胸。

——图谱化的舰船知识。丛书坚持知识性与趣味性相结合,以图文并茂的形式对一些典型舰船进行集中讲解,以便让读者掌握舰船的特点。

——通俗化的专业知识。丛书坚持专业性与通俗性的有机结合,用朴实的篇章构建舰船知识链,用易懂的语言精准描述舰船的工作原理、性能特点。

——人文化的历史知识。丛书追溯舰船诞生的起点,展望舰船发展的未来,彰显舰

船历史的人文特色，描绘出一幅幅人类设计建造舰船、塑造海洋文明的生动画卷。

拓展视野，启迪心智。丛书以舰船为载体，为广大青少年读者打开了世界舰船知识之门、中国舰船科技之窗，让读者驾驶生命之船，扬起思想风帆。

—— 认清大势，强化理念。丛书以舰船为媒，引导读者正确认识世界和中国。半个多世纪风雨兼程，中国船舶装备在变，舰船航迹在变，唯有"国之重器"建设者们"忠于党、忠于人民、忠于国家"的初心不改，信仰不变，继续弘扬突破自我、敢为人先的工匠精神，锲而不舍，发愤图强，国家利益所至，科技创新必达！

—— 明确主题，播种梦想。丛书以中国舰船制造励精图治、自力更生、发奋图强、勇创辉煌的历史红线，为每个青少年播种梦想、点燃梦想，让更多青少年敢于有梦、勇于追梦、勤于圆梦。

激扬青春，陶冶情操。理想指引人生方向，信念决定事业成败。丛书倾诉舰船昨天之历史故事，弹奏舰船今天之恢弘篇章，高歌舰船明日之瑰丽远景。

—— 弘扬爱国主义精神。丛书立足民族、面向世界，旨在激发广大读者的爱国情怀；以科学的视角，生动介绍了新中国成立以来我国舰船及海洋工程研制所取得的成就，讲述一代又一代科技人员怀着深厚的爱国情怀，为中国舰船事业发展所作的贡献。

—— 倡导奋进创新思想。丛书用世界舰船的历史史实启发读者认知：创新是民族进步的灵魂，是一个国家兴旺发达的不竭源泉。广大青少年读者应敢为人先，勇于解放思想、与时俱进，敢于上下求索、开拓进取，树立雄心壮志，努力超越前人。

—— 激励艰苦奋斗精神。丛书用中国舰船的历史史实引领读者感悟，我们的国家、我们的民族，从积贫积弱一步一步走到今天的繁荣富强，靠的就是一代又一代人的顽强拼搏，靠的就是中华民族自强不息的奋斗精神。

2016年5月30日，习近平总书记在全国科技创新大会、两院院士大会、中国科协第九次全国代表大会上的讲话指出：科技创新、科学普及是实现创新发展的两翼，要把科学普及放在与科技创新同等重要的位置。希望广大科技工作者以提高全民科学素质为己任，在

全社会推动形成讲科学、爱科学、学科学、用科学的良好氛围，使蕴藏在亿万人民中间的创新智慧充分释放、创新力量充分涌流。"国之重器——舰船科普丛书"正是习近平新时代中国特色社会主义思想的生动实践。

愿："国之重器——舰船科普丛书"构建一座智慧的熔炉，锻造中国青少年威武铁甲！

愿："国之重器——舰船科普丛书"筑起一个知识的平台，助力中国青少年纵横海疆！

愿："国之重器——舰船科普丛书"插上一双理想的翅膀，引领中国青少年翱翔海天！

中国工程院院士

2018年8月

前言

当今世界，现代化海战局面日趋复杂、多变，战争形式也不再是敌我双方有生力量的简单打击，而是一场从前方激烈战斗到后方持续支援等全方位的综合实力的较量，战争的胜败往往也取决于与战争相关的一些关键因素：远洋狙击，弹药补给及时与否？"深入虎穴"，敌情侦察详细如何？"舰人合一"，作战演练如何进行？茫茫大海，救死扶伤行动如何开展……

这些决定海战胜负的关键因素都可归纳为两个字——支援，而承担这些支援任务的舰艇就是各种类型的勤务舰船！因为这些舰船主要承担支援任务，本书称为"支援舰"。

"保障力就是战斗力"！支援舰作为海军舰船装备的重要种类，虽然一般不直接参加战斗，却是作战舰艇不可缺少的保障力量。作为为作战舰艇服务的舰船，支援舰几乎包含了除作战舰艇以外的所有其他海军舰船，可直接或间接地为作战舰艇提供诸如物资、技术、运输、医救、打捞、工程、科研、情报、试验、训练等各种支援，既是海军走向深蓝的坚强后盾，也是海军作战取胜的幕后英雄。

"功成不必在我，功成必定有我！"尽管在很多人的眼里，支援舰没有作战舰艇那么威风八面、耀眼夺目，但正所谓"外行看战术，内行看勤务"，真正了解海军的人都知道：虽然支援舰看似微不足道，但正是这些毫不起眼的舰船组成了舰队的日常，成为舰队后勤保障必不可少的一部分，也正是这些默默无闻的支援舰船决定了一支远洋海军能走多远，能走多久。

那么，今天就让我们将关注的目光投向这些舰队建设非常重要、海战取胜必不可少的幕后英雄们，让它们从幕后走向台前，欣赏它们独有的风采，聆听属于它们的故事！由于支援舰种类繁多，本丛书将分多册分别进行介绍。本书主要介绍补给舰、训练舰

和医院船这三类重要的支援舰船。

支援舰作为海军舰船的重要组成部分,随着各国海军对其认识和作用的逐步提高,其发展也是逐步壮大,主要经历了民船改装、专门建造这两个阶段。从"近岸防御"到"近海防御"与"远海防卫"相结合,随着人民海军战略部署的逐步转变,与之相适应,人民海军的支援舰也经历了从无到有、从小到大、从功能简单到先进综合,甚至局部性能赶超世界一流水平的巨大进步,如中国的"呼伦湖"号大型高速补给舰、"戚继光"号训练舰、"和平方舟"号医院船等都是世界同类舰船中的明星舰、佼佼者。

为了使青少年和读者更好地了解支援舰,本书先对支援舰的地位作用及发展历程进行了简要介绍,然后再重点对补给舰的发展历史、类型、补给方式、国内外典型补给舰,训练舰的特点、分类、训练科目及国内外发展情况,医院船的诞生、分类及国内外发展情况等予以介绍,最后讲述了支援舰的发展趋势。

通过本书的讲述,衷心期望读者在了解支援舰相关科学知识的同时,增强海防建设意识,热爱海军舰船装备,也为海军装备中的无名英雄、国之重器——支援舰点赞!

作　者
2019年2月

舰船科普丛书

目 录

第1章
深海大洋的坚强后盾 / 1

海军后方"大管家" / 3

不可或缺、成败关键——支援舰的重要地位 / 14

逐步壮大、走向高端——支援舰的发展历程 / 32

第2章
海上"浮动基地"——补给舰 / 43

逐渐走向深海大洋的补给 / 45

神通广大的各型补给舰 / 52

灵活多样的海上补给方式 / 56

中国补给舰 / 74

国外补给舰 / 96

第3章
海上"练武场"——训练舰 / 113

磨砺海军军官成长的海上摇篮 / 115

各成体系、各有特点——训练舰的分类 / 117

专业齐全、面向实战——训练舰的训练科目 / 120

中国训练舰的发展 / 126

国外典型训练舰 / 141

碧海扬帆——风帆训练舰 / 149

第4章
海上"生命之舟"——医院船 / 165

"生命之舟"从这里启航——医院船的诞生 / 167

医院船的分类与特点 / 169

中国医院船的发展 / 171

国外典型医院船 / 188

第5章
支援舰放眼看未来 / 193

补给舰发展趋势 / 194

训练舰发展趋势 / 197

医院船发展趋势 / 200

参考文献 / 202

后记 / 204

第 1 章
深海大洋的坚强后盾

2018年的4月,海南繁花似锦,南海春潮澎湃,新中国有史以来规模最盛大的一场海上阅兵在南海隆重举行。几十艘战舰威武雄壮、气势如虹;近百架战机银鹰展翅、笑傲苍穹;万余名官兵气宇轩昂、英姿飒爽。在激昂的分列式进行曲中,中共中央总书记、国家主席、中央军委主席习近平登上了检阅舰——"长沙"号导弹驱逐舰,先后检阅了战略打击、综合保障等7个作战群,以及舰载直升机、远距支援掩护等10个空中梯队。

在这次南海大阅兵中,可谓"众星云集",除了那些大名鼎鼎的"国之重器",如海上霸主"辽宁"号航空母舰、"水下蛟龙"新型攻击型核潜艇、"中华神盾"导弹驱逐舰等一大批主战舰艇外,还有一群重要的特殊舰艇,如"呼伦湖"号大型高速补给舰、"戚继光"号训练舰、"和平方舟"号医院船、"天王星"号电子侦察船、"海洋岛"号援潜救生船等,它们虽然同主力舰艇相比不那么夺人眼球,但也是各怀本领、不容小觑,因为它们是为航空母舰舰队提供补给的"超级奶妈"、大洋练兵的"训练场"、医疗救灾的"生命之舟"、海上侦察的"顺风耳"、潜艇救援的"保护神",它们是一个大国海军迈向远海、阔步深蓝的保证和基石,也是大国海军走向强大、快速崛起的方向和标志,它们就是支援舰!

> 图1 中国南海大阅兵

第1章 深海大洋的坚强后盾

海军后方"大管家"

勤务舰船，这个概念真正提出是在20世纪20年代。1921年，在华盛顿海军裁军会议上对作战舰艇中航空母舰等舰种做了限制，并将限制之外所有的舰船都称为勤务舰船。在1930年举行的伦敦裁军会议上，又对勤务舰船的概念进一步做了种种限制。

此后，不少国家约定俗成，习惯上把航空母舰、巡洋舰、驱逐舰、护卫舰、潜艇、水雷战舰艇、登陆战舰艇等统称为作战舰艇，把除此以外的所有各种大小海军舰船都称为勤务舰船（本书称为"支援舰"），有的国家海军将其称为军辅船、辅助舰船、特务舰船等，虽然称谓不同，但使命任务都是相同的。

支援舰所担负的使命任务极为繁杂多样，同作战舰艇相比，具有范围广、种类多、内容杂、数量大等特点，简直就是海军舰艇后方的"大管家"。

支援舰的种类很多，据统计有100多种。对于这些种类繁多的支援舰船，至今国内外还没有统一明确的分类方法，但通常可以按照作战使命任务分为"四大家族"：后勤支援舰、情报支援舰、试验支援舰、训练支援舰。对于每一家族又可细分为多种类型。这里就先来一张支援舰主要舰种的"集体照"，感受一下支援舰这"一大家子"的力量吧！

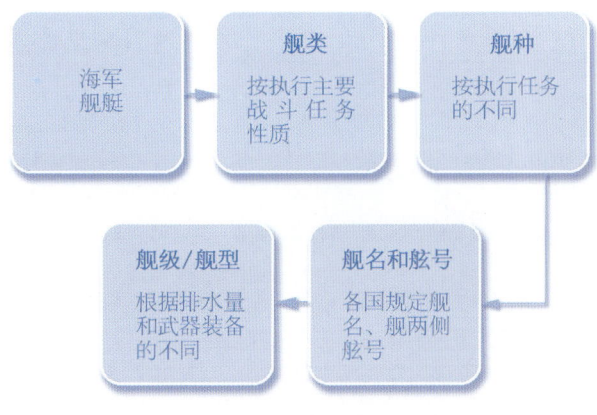

> 图2 快速给海军军舰贴个"标签"

4 支援舰

```
                    后勤支援舰
    ┌──────────┬──────────┼──────────┬──────────┐
 军事运输船    补给舰    维修供应船   医院船
```

```
 防险救生船   布缆船    工程船     基地勤务船
```

> 图3 支援舰主要舰种的"集体照"

第1章 深海大洋的坚强后盾

```
支援舰（勤务舰船）
├── 情报侦察船
│   ├── 海洋调查船
│   ├── 航道测量船
│   ├── 电子侦察船
│   └── 海洋监视船
├── 试验支援舰
│   ├── 航天测量船
│   └── 舰载武器试验船
└── 训练支援舰
    ├── 专业训练舰
    └── 综合训练舰
```

海洋调查船

航道测量船

航天测量船

专业训练舰

电子侦察船

海洋监视船

舰载武器试验船

综合训练舰

后勤支援舰

后勤支援舰是现代支援舰中最为重要、数量最多、出现最早的勤务舰船，可以说是这四大家族中的"绝对老大"。其主要使命是为战斗舰艇提供运输、补给、维修、供应、医护、打捞、救生和基地勤务等保障服务。这类舰船主要包括军事运输船、补给舰、维修供应船、医院船、防险救生船、布缆船、工程船和基地勤务船等。

> 图4 军事运输船

> 图5 美国埃默里·兰德级潜艇维修供应船

图6 航行中的"呼伦湖"号大型高速补给舰

图7 "北医01"号医疗救护艇

图8 大江级远洋打捞救生船

小贴士

运输船、维修供应船与补给舰的区别

从本质上说,维修供应船和补给舰也属于运输船,只是承担的使命不同。补给舰和维修供应船承担点(基地、码头)到舰(受补舰)的运输任务,而运输船承担由点到点的运输任务。

情报侦察船

情报侦察船是20世纪60年代发展起来的新型支援舰,主要包括海洋调查船、航道测量船、电子侦察船和海洋监视船等。这类舰船的主要任务是进行海洋调查、监视和军事侦察,以便为海军收集相关的海洋环境资料与电子情报。

> 图10　航道测量船

> 图9　海洋调查船

> 图11 "天王星"号电子侦察船

> 图12 美国"胜利"号监测船

试验支援舰

试验支援舰是专门针对舰载新型武器、新型舰载设备等进行科学试验或为科学试验服务的支援舰，通常包括航天测量船和舰载武器设备试验船。为中国战略武器试验、航天空间技术发展等事业做出突出贡献的"远望号"系列航天测量船就属于试验支援舰。同类的试验支援舰还有日本的"久里波"号试验船等。

"远望1"号

"远望2"号

"远望3"号

"远望4"号

"远望6"号

"远望5"号

"远望7"号

> 图13 中国"远望"大家族

小贴士

"远望"号系列大家族

中国的"远望"号系列航天测量船大体上分为"三代半"：

第一代是20世纪70年代建造的"远望1"号和"远望2"号；

第二代是20世纪90年代建造的"远望3"号和"远望4"号；

第三代是21世纪初建造的"远望5"号和"远望6"号；

在2016年，具有世界顶级水平的中国新一代的"远望7"号也正式亮相了。

 训练支援舰

训练支援舰是一种供各国海军院校学员或海军舰艇人员进行海上训练和实习的支援舰,也可简称"训练舰""练习舰"或者"教练舰"。通常包括综合训练舰和专业训练舰,如中国"郑和"号训练舰就是综合训练舰,英国"百眼巨人"号航空训练舰、墨西哥"夸乌特莫克"号风帆训练舰就属于专业训练舰。

现代海军支援舰尽管种类繁多,且各有神通、各负其责,但作为海军勤务舰船,它们之间也有一些共同特点:除少数舰艇配有一些自卫武器,基本上都是非武装舰船;一般不参与战斗,主要为作战舰艇提供各种服务,虽然无声无息,却是名副其实的无名英雄。

下面就让我们走近这些舰船中的一些佼佼者——补给舰、训练舰、医院船,去一睹它们的风采吧!

> 图14 中国"郑和"号训练舰

> 图15 英国"百眼巨人"号航空训练舰

> 图16 墨西哥"夸乌特莫克"号风帆训练舰

不可或缺、成败关键

支援舰的重要地位

补给舰、训练舰和医院船这些支援舰在海军中占有重要地位，可以说是大国海军走向深蓝的保证和基石。这也不难理解，两军对垒就是双方PK，攻击力强（火力猛）、防守好（防御强）固然重要，但要想傲立群雄、笑到最后，还得看谁的耐力久（弹药充足）、功夫深（操作熟练）、恢复快（救治迅速）等这些重要因素。而对于现代海战来说，要做到战争持续，比拼的就是后勤，打的就是战场物资持续供应能力，而支援舰则承担了输送弹药资源、训练舰员、医疗救护等多项重要作用，加强的就是战争中的耐力、恢复力及装备操作力，这些都是决定战争成败的关键因素！

"兵马未动，支援先行"的"粮草押运车"

自古，兵家就有"兵马未动，粮草先行"之说，可见"粮草"对于战争取胜的重要性，而现代的补给舰就相当于古代的"粮草押运车"。

在古代，押运粮草的工作非常重要，通常都挑选那些经验丰富、武艺高强的好手来担当"押粮官"的角色。历经几千年，对于现代战争，"粮草重要性"的古老理念仍然没有改变，只不过"粮草"的内涵却得到了进一步的拓展：古代的"粮草"仅是指部队的食物和马的饲料等，而今天的"粮草"支援除了为作战舰艇补给粮食外，还包括舰船编队消耗的燃油及弹药等。因此，支援舰这个"粮草押运车"的任务就更加艰巨，也更加重要。

现代远海作战制胜的坚强后盾

众所周知，海军执行任务的主要工具是军舰。但在执行各种任务过程中，不可能一蹴而就，海军舰艇需要在海上航行或停泊待命一段时间，为此舰艇设计中就有"自持力"这一重要指标，意即舰艇在不依靠外界支援的情况下能够单独在海上活动的时间。舰艇的自持力主要由燃油和食品等的携带量决定，由于每艘军舰上燃油舱、食品库等空间受限，因此自持力不可能很大。通常小型快艇的自持力为3～7天，大型作战舰艇的自持力可达15～45天。

在军舰执行远海作战等任务时，舰艇的部署时间和航程通常会超过自持力

> 图17 补给舰正在为航空母舰输送"粮草"

和最大航程,这时就需要通过补给来延长活动时间。因此在现代远海作战中,即使作战舰艇的战斗力再强悍,武器装备再强大,但如果没有补给舰的及时支援,就难以持续对敌作战,最终就很难赢得战争的胜利。

二战时期,日本海军由于没有充足的补给舰,远海作战能力大大受限。比较典型的是当时谋划已久的偷袭珍珠港行动,该行动达到了当时日本海军舰艇的极限航程,但有限的补给差点就使偷袭的舰队没有回航的油料,而美国海军由于有充足的舰队补给就可以跨过太平洋实施远距离袭击了。

小贴士

偷袭珍珠港行动

1941年12月7日清晨,日本未经宣战,以海军航空母舰舰载飞机和微型潜艇突然袭击了美国太平洋舰队基地——珍珠港,美国十几艘战舰沉没或遭受重创,数百架飞机损失殆尽,三千余人死亡或受伤,这就是震惊世界的偷袭珍珠港行动。

为了确保偷袭成功,日本投入袭击行动的水面舰艇和潜艇有60艘之多,共分为突击编队和先遣编队。由于是长途奔袭,需要及时、大量的燃油等补给,因此跟随舰队一起行动的补给船共有13艘,其中"日本"号在内的7艘新式舰队油轮(每艘油轮平均排水量都在万吨以上)被编入了突击编队,另外"隐户"号等6艘补给船被编入了先遣编队。

二战结束后,苏联海军尽管非常重视大型海军作战舰艇的发展,却忽视了补给舰的建设,导致"加勒比海危机"产生时,战斗力强大的苏联海军由于其薄弱的远洋后勤补给而无法与美国海军对抗,最后只能黯然撤退。

与此形成鲜明对比的是著名的马尔维纳斯群岛战争(简称"马岛海战")。

马岛海战中英国战舰编队万里远程奔袭,真正考验的是海上战略投送能力。战争形势本来对英国相当不利,为何最终胜利的天平反而倾向英国呢?其幕后最关键的一点就是英国除了依靠军队自身的后勤保障船外,还临时征用了一支庞大的商船补给保障编队。

马岛海战实质上是英国的一场后勤支援战争。在整个海战期间,共有五十多艘包括油轮、医院船、弹药运输船、淡水补给船、食品储藏船等各类型商船被英国征用或租用,总吨位达66.6万吨。这些被临时征用或租用的船只构成了一条穿梭于英国与南大西洋间的万里海上运输补给线,为英国特遣舰队总共运送各类物资50万余吨(其中仅燃料就有40多万吨)、作战人员9万名、飞机近百架到前线,实施海上补给几千次。

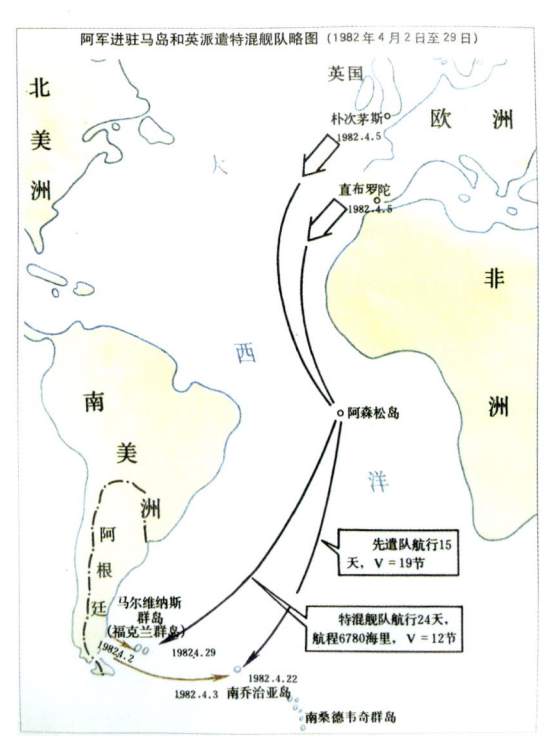

> 图18 马岛海战路线图

> 图19 英国征用的庞大的商船补给保障编队

> 图20 被征用的"苹果叶"号辅助油轮

小贴士

加勒比海危机

1962年10月中旬，美国情报人员通过飞临古巴上空的侦察飞机所拍摄的照片惊奇地发现苏联正在古巴首都修建基地，部署中短程导弹和运载核武器的伊尔-28重型轰炸机。更令人恐慌的是，从这些基地发射的导弹可以击中大多数美洲重要城市。

消息传到白宫，美国总统约翰·肯尼迪立即召开紧急国家安全委员会会议商讨对策。经研究，美国一边公开向苏联发出警告，要求其尽快从古巴撤出中短程导弹，同时集结美国海空力量在加勒比海对古巴设立了海上封锁线，进行所谓的"隔离"。

同年11月，在苏联从古巴运走全部导弹后，美国取消对古巴海面的封锁。

马岛海战

爆发于1982年的马岛海战不仅是冷战时期规模最大、战况最激烈的一次海陆空联合作战，同时也创造了海上战略远洋投送的经典战例。

马尔维纳斯群岛（英国称"福克兰群岛"）距阿根廷南部海岸仅500多千米，距英国本土却有万里之遥。1982年4月2日，这个英、阿两国还存在主权争议的马岛被阿根廷部队攻占，两国战争正式爆发。英国为了夺回马岛，迅速做好了远征的备战工作，后经过激战，于6月14日赢得了海战胜利。

大国海军舰艇编队走向大洋的生命线

补给舰的出现对舰艇编队机动有重要意义。在编队航行时,在指定时间、指定海域实行航行补给,减少了编队对基地的依赖,增加了编队作战半径和持续作战能力。

俗话说,空腹不行军。对于海上霸主——航空母舰(简称"航母")来说更是如此。航母是航母战斗群的核心舰船,围绕航母进行编队建设则是一艘航母实现其战斗力的最终形式——航母战斗群,而航母战斗群建设的主要内容就包括战斗力+防御力+补给力,因此一个航母编队的典型配置通常包括1艘航母+8～9艘大型舰艇+1艘补给舰,整个编队所有舰船的最高航速均大于25节。

高航速的代价就是燃油的高消耗。舰艇高速航行时的主要阻力是兴波阻力,其大小与舰艇航速的三次方成正比。因此,舰艇如果以25节航速航行时,其所需的功率是16节航速时的3.8倍;同样,25节航速航行消耗燃油的速度也是16节航速的3.8倍。

因此,高航速虽好,甚至有时还是航母躲避潜艇追击的"救命稻草",但也不能一直高航速运行。为了既避免遭受攻击,又充分发挥战斗力,提高自持力,航母编队在各阶段有不同的航速:航渡状态通常为16～18节;执行战术任务时在22～25节;舰载机大量出动/回收时加速到30节以上。

当然,一支航母编队既有庞大的水面舰艇和舰载飞机,还有上万的编队人员,因此其编队物资的消耗是非常惊人的!

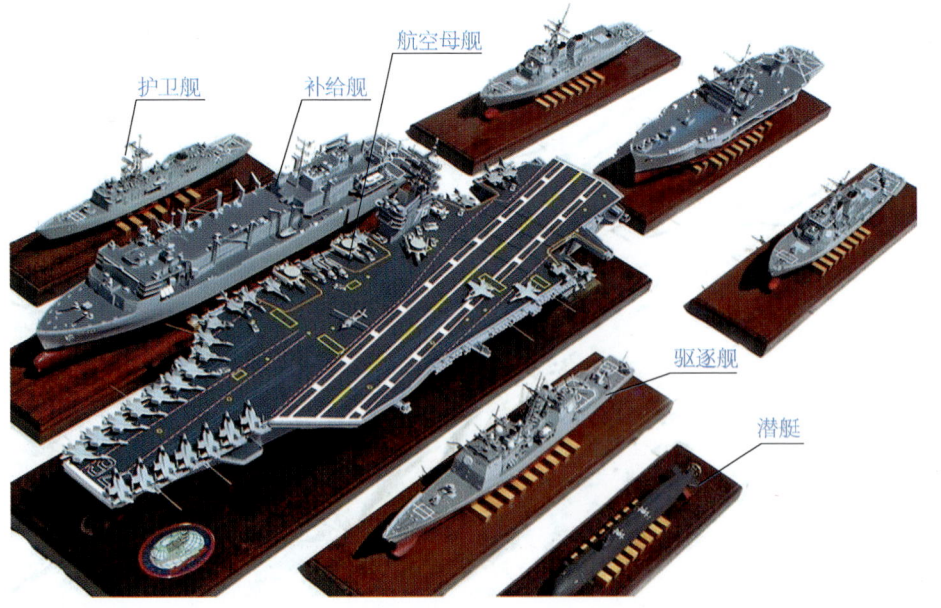

> 图21 一个典型的美军航母编队

表1 美国尼米兹级核动力航母补给间隔时间情况

物资类别	消耗情况	携带储存量	补给间隔
航空燃油	80万千克/天（以80架飞机每天出动一次计算，1万千克/次）	900万千克	7天（能维持8～12天作战，但根据美国海军规定，航母的航空燃料至少需要储备50%）
弹药	24万～32万千克/天（以80架飞机每天出动一次计算，3 000～4 000千克/次）	300万千克	10～15天（如果战斗比较激烈，那么补给时间将要缩短一半）
食品	1.2万千克/天（以5 000人计算，2.5千克/人）	36万千克	约30天

为了保证作战能力，航母编队中航母之外的其他舰艇也需要及时补给。如以8艘舰艇组成的常规动力航母打击群为例，整个航母打击群携带燃油储存量大约为2 000万千克，除了航母外，其他舰艇如每天消耗200万千克燃油，则大约需要5天就要进行一次燃油补给（通常考虑50%的油料储备）。

由此可见，要维持一个航母编队的正常运行，需要数量巨大的物资。如果还是依靠传统的基地补给方式，则航母编队在外面威风不了几天就要弹尽粮绝，"饿着肚子"灰溜溜地返回基地进行补给，这样不但会让航母的作战能力大打折扣，还费时耗力，白白浪费许多舰艇资源。所以为航母编队配套建造能够进行伴随补给的综合补给舰是各国海军通常的做法，这样做最大的好处就是大大提高了舰队的作战半径。

为什么航母编队舰艇通常需要25节的高航速？

航母编队就像舰艇里的高级俱乐部，要加入其中门槛很高，需要满足许多条件。其中，比较重要的一条就是要航速高，而且通常要求最高航速大于25节。这是为什么呢？是为了"耍速"吗？答案当然是否定的，其实航母编队要持续高速机动主要是为了大幅提升航母编队的生存能力。

众所周知，潜艇是航母的"隐蔽杀手"，对航母具有很大威胁。二战后的常规潜艇最高水下航速约为21节，核潜艇最高航速为33～42节，但潜艇有个很致命的缺点，那就是当航速超过20节以后，潜艇不仅无法通过声呐感知外界环境变化，而且自身水动噪声也极高，很容易被发现。因此潜艇通常以20节以下的低航速行动。针对潜艇只能航速较低的这一缺点，航母编队为了摆脱潜艇的跟踪和打击，只要见潜艇就加速"溜"了。

而又很急需的一块短板!

"熟能生巧,人舰合一"的"海军训练场"

《三国演义》中"赤壁之战"的故事大家一定耳熟能详:不可一世的曹操带领百万雄兵要去扫平小小的东吴,两军对垒于赤壁之上,结果人多势众的曹兵骁骑面

> 图22 "呼伦湖"号大型高速补给舰与航空母舰

新中国成立后,秉承着"轻、潜、快"的海军装备发展方针,中国建造了许多适合近岸和近海作战的导弹艇、轻型护卫舰等舰艇,在补给舰上的投入并不多。但近年来随着人民海军舰艇执行远海任务的次数越来越多,补给舰不足的弊端日渐明显。21世纪以来,多艘万吨级的综合补给舰先后被设计建造,成为人民海军亚丁湾护航、海外撤侨、远海训练最可靠的海上"浮动基地"。

近几年,为了满足航母编队远洋补给"胃口大、步伐快"的需求,中国又建造了补给能力更强、航行速度更快、功能更先进的新一代大型高速补给舰——"呼伦湖"号,为航母战斗群形成真正的战斗能力补上了很重要

对势单力孤的东吴水军，谈笑间就樯橹灰飞烟灭了！为何？主要原因之一就是东吴有位训练水军经验丰富的统帅——周瑜，这位水军大都督因为平时非常注重水战训练，真正做到了让每一位水军练就了一身"上船作战如履平地、入水搏击如浪里白条"的过硬本领，拿现在的话说就是"人舰合一"，而曹兵大多是北方的旱鸭子，只在战前临时"磨枪"，很多人在船上连站都站不稳，自然会败。

以古喻今，对于现代海战，随着舰船设备的不断更新、海战环境的更加复杂，为了做到在海战中"招之即来，来之必胜"，各国海军利用训练舰这个"海军训练场"展开有针对性的作战或操作训练就显得尤为重要。

> 图23 古代水战战船

人舰合一，打造精兵良将的理想场所

两军对垒，首先比拼的是人员的"精气神"。从未来海战的特点来看，战争取胜的关键还在于人。训练舰作为海军打造精兵强将的特殊舰种，其主要功能就是通过训练使每一位学员都变成适应未来海战的军人，并使之尽可能精通武器装备，从而发挥出武器装备的最大效用。因此，训练舰的地位不言而喻，其研制建造也都受到了各国海军的高度重视。

> 图25 驾驭风帆，与大海零距离接触

> 图24 人民海军军官的"摇篮"——"郑和"号训练舰

通常，各国海军军官的第一次远洋航行基本上都是他们以学员的身份在训练舰上度过的。因此，对于一支海军来说，是否拥有远洋训练舰直接关系到海军的未来和发展，也代表着海上力量的强弱和影响。

海军的基本作战单位是舰艇，而每艘军舰上少则几十人，多则上千人，只有舰员密切配合才能发挥出舰艇的战斗力，因此海军是最需要配合的军种。

传统的风帆训练舰作为训练舰的特殊种类，因为其具有训练更加直接、操控更需协调等独特的魅力，因此被各国海军一致认为是培养团队协作精神的强大利器。驾驶风帆训练舰的许多动作，如升帆、收帆、划桨等都需要大家齐心协力才能完成，这种"同舟共济"的合作意识和习惯是团队凝聚的最好表现。此外，由于驾驶风帆训练舰受水文、气候等自然条件的影响非常大，因此通过风帆训练舰就可以很好地提升学员传统导航技术的能力，而这些能力对于现代海战来说也具有非常重要的意义。

现役的风帆训练舰继承了传统风帆训练舰以风帆为主要动力装置的主要特征，因此驾驶风帆训练舰和新式军舰航行的体验有很大的差别：驾驭风帆航行意味着驾驶者需要和大海亲密接触，要求舰员熟练掌握观天象、识水文、驾篷

> 图26 在风帆训练舰上攀爬风帆

帆、操橹桨、攀高桅、打缆结等最原始而又最基本的技能，需要舰员具有强健的体魄和坚忍的意志。另外，风帆训练舰的抗摇摆、抗风浪能力通常要比新式军舰差，这有助于学员更好地锻炼自身的平衡能力和面对应恶劣海况的适应力。

当然，大多数现代风帆训练舰又经过了现代化改造，因此具有新式舰艇的一些特征或核心装备，如船壳由木质改为钢质、动力采用风帆/柴油机驱动混合动力等。因此，在风帆训练舰的基础上再去掌握新式舰艇的现代化通信导航、动力推进等技术，效果往往会更加扎实、有效。

友好访问,展示国家形象的良好平台

训练舰承担的另一个主要任务就是与其他国家展开友好访问。由于训练舰通常外形威武、吨位较大,可以说是各国舰艇的"颜值担当"和"形象大使",因此经常作为国家和海军的一张名片承担着远航出访交流的重任:一方面与对方展开军事或文化交流,维护国家根本利益;另一方面通过广泛的交流,树立国家良好形象。

"郑和"号训练舰是新中国建造的第一代综合训练舰,也是大家公认的"外交明星舰"。该舰自服役以来,不仅多次代表人民海军先后出访美国等多个国家,还积极参与了联合国维和行动等,航迹遍布世界30多个海区和港口,累计高达40多万海里,总航程相当于绕地球转了20多圈,一举打破了人民海军舰艇出国次数最多、所经航区港口数最多、在航率最高和单舰航程最远4项纪录。

另外,相对于那些满载武器的作战舰艇而言,风帆训练舰既有内涵——具有深

第1章 深海大洋的坚强后盾

> 图28 印尼海军"神圣毕玛"号风帆训练舰访问青岛

厚的航海文化历史底蕴，又有型——外形靓丽且富有亲和力，更能吸引人们的眼球，因此也是外交出访的常客。

2018年9月21日，当来青岛进行友好访问的印尼海军"神圣毕玛"号风帆训练舰缓缓驶抵青岛某军港时，那高耸的桅杆和传统的舰体无不令人眼前一亮，立刻圈粉无数。

> 图27 2014年5月"郑和"号训练舰访问印度

"和平大使,救死扶伤"的"流动救治场"

现代海战,后勤非常关键!而医疗保障正是后勤的突出难题:如何把医院搬到海上,如何对伤员进行及时的救护……直到医院船这个"流动救治场"的出现,这些曾经长久横亘在人们面前的诸多难题才迎刃而解:战斗中受伤的士兵可以得到快速的医疗了,部队的战斗力也有了保证!

通常,一个舰队往往都会配备多艘医院船,一方面在战争时期救治己方伤员,另一方面在和平时期也可履行医疗救护、护送、卫生勤务培训等职责,以及承担灾害救援、海外人道主义行动等"和平大使"的任务。

> 图29 "和平方舟"号医院船

医疗救援,战时减少人员伤亡的重要法宝

由于医院船具有可快速移动部署、较强的医疗救护能力等独特优势,因此古往今来,一些传统优势海军强国都习惯于在战时使用医院船作为伤病员的有效救治平台。

二战期间,因舰船翻沉而淹亡的士兵数以万计。在著名的马岛海战激烈交锋中,英阿双方有26艘舰船不幸被击沉。从双方部分舰艇击沉后伤员的救治情况可以看出:英国由于配置了"乌干达"号等2艘改装医院船,为参战部队提供了良好救助,在63天内先后收治了1 000多名伤病员,手术近600例,伤病员死亡率仅0.4%;而阿根廷海军由于没有配置医院船等医疗措施,导致弃船落水人员得不到及时救援,因此失踪或死亡者众多。英阿双方伤员救治情况的鲜明对比直接反映了医院船在海战中的重要作用。

> 图30 英国紧急改装的"乌干达"号医院船

1990年8月—1991年4月，美国"舒适"号和"仁慈"号医院船轮流前往海湾地区执行"沙漠之盾行动"等，为多国盟军提供卫勤保障力量，共接收了超过8 000例门诊患者，收治了1 400例住院患者，并开展了近700例无法在岸基医疗设施开展的复杂外科手术。

另外，在朝鲜战争、越南战争等大规模战争中，医院船作为重要的卫勤保障力量出现在战场附近，救治了大量的伤病人员。

中国自第一艘专业医院船"南康"号诞生以来，在医院船方面的建设不断加强，特别是在建造了"和平方舟"号大型专业医院船以后，使中国的海上医疗水平已处于国际领先水平。

表2　马岛海战中英阿双方被击沉舰艇的人员救治情况

被击沉舰艇	所属国家	人员救治情况
"贝尔格拉诺将军"号巡洋舰	阿根廷	失踪高达320多人，占全舰人数的33%
"谢菲尔德"号驱逐舰	英国	除了导弹击中后死亡与失踪的20名舰员外，受伤的其他舰员全部得到了及时救治

> 图31　美国"仁慈"号医院船

> 图32 中国第一艘专业医院船"南康"号

小 贴 士

第一艘专业医院船诞生

中国第一艘专业医院船是"南康"号,那么这艘专业医院船的建造需求是怎样被提出来的呢?这还得从1974年的一次海战说起。

此次海战是人民海军首次远离海岸作战。通常,近岸作战一般是短暂战斗,伤员通常随战斗舰艇返航时带回码头;而对于远离海岸作战,卫勤保障问题就显得十分重要和突出。此次海战中,由于我们缺乏专门卫生船舶,海战中受伤的伤员得不到及时地专业救治和处理,基本上都是通过渔民小艇或渔轮周转多次才送到医院,虽未发生死亡,但伤口普遍感染恶化。

海战结束后不久,此次在总结经验时提出了急需建造医院船的需求,通过详细论证和调研,中国建造了第一艘专业医院船"南康"号。

支援舰

人道救助，和平时期灾害救援的重要载体

灾害无情，往往突如其来；医院船有爱，总能及时伸出援助之手。在和平时期，灾害应急救援和人道主义救援成为医院船的主要任务。在过去的十几年间，医院船执行应急灾害医学救援和人道主义救援的任务数量在显著增加。

美国"仁慈"号和"舒适"号医院船作为目前世界上吨位最大的两艘医院船，就曾参与了许多救援行动。

2001年"9·11"事件发生后，美国"舒适"号医院船就于9月14日—10月1日期间停靠于纽约受袭地区曼哈顿港，为志愿者和救援人员提供生理和心理的医疗服务。

"和平方舟"号医院船是中国最先进的专业医院船。这艘画着红十字的"大白船"，自服役以来，曾多次执行"和谐使命"等系列救援行动，为多个国家救治患者几十万人例，是一艘名副其实的和平之舟、生命之舟、友谊之舟。

> 图33 中国"和平方舟"号医院船

表3　美国"仁慈"号和"舒适"号医院船参与的部分救援行动

救援行动	救援地点	发生时间	参与医院船	救治患者/救援人员
联合支援行动	印度尼西亚海啸受灾地点	2004年	"仁慈"号	超过10万例
人道主义救援行动	菲律宾、孟加拉国、印度尼西亚、东帝汶	2006年	"仁慈"号	超过6 000例
美洲伙伴行动	拉丁美洲与加勒比海等	2007年	"舒适"号	近10万例
"太平洋伙伴–2008"人道主义救援任务	东南亚和大洋洲地区	2008年	"仁慈"号	超过9万例
"太平洋伙伴–2010"人道主义救援行动	东南亚国家	2010年	"仁慈"号	超过10万例

> 图34　"和平方舟"号医院船起航赴亚丁湾及亚非五国执行"和谐使命—2010"任务

逐步壮大、走向高端

支援舰的发展历程

支援舰作为海军舰船的重要组成部分，随着人们对其认识的逐步深入，其作用得到了逐渐体现，发展经历了由民船改装到专门建造、从功能单一到先进综合的漫长历程。

功能单一的"海战临时工"
——民船改装阶段

在19世纪以前，人们对海战后勤支援的概念还很淡薄，认识也不充分，因此很少有专门设计建造的支援舰船，随军征战的支援舰大多是直接征用或经过简单改造的民船。这些被征用的民用船舶作为海军支援舰船庞大的后备力量和宝贵资源，大部分平时是商船，战时又成了为国而战的"战船"，从这个角度来说可谓名副其实的"海战临时工"，但可别因此小瞧它们，它们在海战中的支援却是必不可少，作用也是功不可没的。

> 图35 古代运粮船

早在公元前200年的秦代，秦始皇在平定南方割据势力、统一全国的战争中，曾先后派遣几十万水陆大军出征，随行就有一支庞大的辅助船只，为征战水军运送粮草、补充兵员和各种军用物资，这些船只应该是世界上较早的补给舰。

16世纪西班牙的"无敌"舰队可以说是较早开始配备卫生船舶的舰队。该舰队第一次在船上配了85名外科人员，用于执行海上救护、治疗和运送伤员的任务，开启了在船上进行医疗的先河。

此后，俄（苏）、日、英、美、德、法等国海军都先后装备了医院船，并在历次战争中使用。如早在1715年起，俄国波罗的海舰队就前后装备了"圣·尼古拉"号、"斯特拉弗尔德"号和"列格拉门特"号医院船。在此后的1741—1743年，俄国的"里加"号和"新希望"号医院船还参加了对瑞典战争的医疗救治任务。

> 图36 西班牙无敌舰队中的大帆船

> 图37 俄国"圣·尼古拉"号医院船

总之，18世纪以前，大多数补给舰、医院船等支援舰都是通过临时指定产生的，这些临时组建的支援舰配上适当的专业人员和器材设备等就承担起了海上物资补给、伤病员的救治等支援任务。

19世纪以后，虽然各国海军根据自身的需要开始建造各类支援舰，但受建造水平和经费的限制，许多国家还是秉承"民为军用、平战结合"的原则大量征用民船作为战争的后勤支援舰。在第一次和第二次世界大战中就大量改造了许多民船。据初步统计，仅在第二次世界大战中，有500多万总吨位的民船被美、英、日等国改装和征用。

这些改装的医院船在战争中发挥了举足轻重的作用，但那时的医院船还主要依靠船载小型艇和吊车来转运伤病员，转运效率较低。

表4　第一次世界大战主要参战国改造医院船数量

国　家	改装的医院船数量
英　国	近100艘
德　国	17艘
法　国	16艘
俄国（苏联）	16艘
意大利	7艘

表5　第二次世界大战主要参战国改造医院船数量

国　家	改装的医院船数量
德　军	14艘
美　国	12艘
英　国	11艘

> 图38　医院船依靠船载小型艇和吊车来转运伤病员

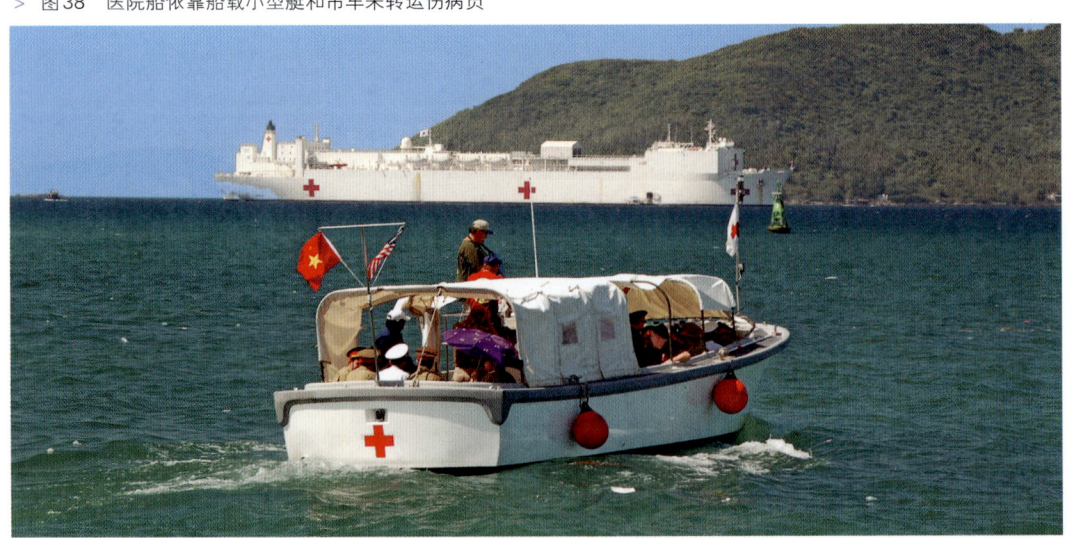

在后来的朝鲜、越南战争中，由于未发生大规模的海战，医院船主要接收的是来自陆上作战受伤的伤病员。为了更加及时地抢救这类人员，美军开始将直升机平台挪到医院船上，由此拉开了运用高效快捷的直升机运送伤员到医院船的序幕。

在马岛海战中，英国海军采用模块化改装法，仅用两天多的时间就将排水量1万多吨的"乌干达"号邮船快速改装成拥有千余张病床床铺的大型医院船，可以说是医院船改装史上的一个创举。改装工程包括建造直升机平台、转送伤员的专用通道、油料补给装置、卫星通信设施等。

另外，被阿根廷海军击沉的集装箱船"大西洋运送者"号也是一艘被英国征用的大型民船。该民船被征用后，英国人在短短的几天时间里就像魔法师变魔术一样完成了该船的改造：铺设了专供鹞式战斗机起降的钢板，准备了满足鹞式战斗机上船的多种功能性集装箱。

> 图39 现代医院船很多用直升机运送伤员

在搭载了几十架鹞式战斗机和直升机后,"大西洋运送者"号补给舰与其他改装完成的商船一起组建成了一个规模宏大的编队,浩浩荡荡地向南大西洋进发了。

但到达战场后,还未来得及安装电子干扰系统等防御武器的"大西洋运送者"号补给舰就像一个脆弱的巨婴一般,面对炮弹横飞的海战战场显得毫无防御之力。于是悲剧很快就发生了,当眼睁睁看着一枚小小的"飞鱼"导弹冲向自己时,身处危险境地的"大西洋运送者"号补给舰却没有任何办法应对。几秒钟后,"飞鱼"导弹毫不留情地扎进了"大西洋运送者"号补给舰的船舷,炸开了一个直径足有2米的大洞,冰冷的海水迅

> 图41 "大西洋运送者"号补给舰被"飞鱼"导弹击中

速灌入舱内。或许是心有不甘吧,数日后这艘被临时拉上战场的"替罪羊"才完全沉入大洋。

> 图40 改造前的"大西洋运送者"号集装箱船

> 图42　美国亨利·凯泽级补给油船

先进综合的"支援精英队"
——专门建造阶段

19世纪初，随着海军舰艇的快速发展，舰艇性能的不断提高，征用民船已不能满足现代化海战的各项支援需要，同时伴随着快速补给装置、科学训练设备、先进医疗设施的相继研发，许多国家先后开展了新型补给舰、训练舰及医院船的专门设计和建造，于是一大批性能优良、功能先进的支援舰纷纷涌现，组成了海军舰艇强劲的"支援精英队"，不断改变着现代海战的战斗模式，也逐步推动着各国海军走向远洋。

在补给舰发展方面，美国海军作为唯一的全球性海军，一直将后勤保障能力的高低视为远距离、长周期军事行动的先决条件。为了执行好海外的大规模军事行动，美国十分重视海上战略运输力量的建设，特别是在远洋航行补给方面，建立了由亨利·凯泽级补给油船、威奇塔级综合补给舰和供应级快速战斗支援舰等几十艘专业补给舰组成的强大补给系统，从而保证其在全球的战略补给。

> 图43　美国威奇塔级补给舰

> 图44　美国供应级快速战斗支援舰

同时，中国、日本等许多国家也根据自身海军发展需要，建造了大量的先进综合补给舰，如中国新一代的"呼伦湖"号大型高速补给舰及日本的摩周级"摩周"号综合补给舰等。

在训练舰发展方面，自19世纪训练舰正式诞生以来，就得到了快速发展，主要经历了木质风帆时代、铁甲蒸汽时代和现代海军时代三个阶段。特别是从20世纪80年代以来，随着人们加强海军建设和加快海军人才培养意识的增强，一些国家海军纷纷对原有的训练舰进行更新换代，陆续建造了一批新型的专用训练舰，训练舰的整体水平得到了全面提高，如中国最新一代的训练舰"戚继光"号，以及俄罗斯吨位较大、训练设备较多、相对较新的斯莫尔尼级训练舰等。

> 图45　日本摩周级"摩周"号综合补给舰

> 图46　俄罗斯斯莫尔尼级训练舰

在医院船的发展方面，随着一大批改装医院船的相继退役，世界上医院船的数量已大大减少，而且真正进行专业医院船建造的国家就更少，目前只有中国、美国及俄罗斯等少数几个国家进行专业医院船的建造，其中真正称得上现代化大型医院船的只有中国的"和平方舟"号！

20世纪70年代末，苏联海军开始专门设计建造2艘鄂毕河级医院船，分别是"鄂毕河"号和"叶尼塞河"号。后又建造了2艘鄂毕河级医院船。

作为世界上首屈一指的强大力量，美国海军自然在医院船上不会落后于人。目前，美国海军拥有世界上最大的2艘医院船——"仁慈"号和"舒适"号，它们都是由油船改造而成，每艘医院船设有各种医务舱室12个、病床1 000张，并配有800名医务人员。

> 图47 俄罗斯鄂毕河级医院船

> 图48 美国"仁慈"号医院船

第 2 章

海上"浮动基地"
——补给舰

2017年9月1日,人民海军最新型的综合补给舰首舰——"呼伦湖"号大型高速补给舰在广州正式入列,海军司令员出席命名授旗仪式并致辞。

上午10点左右,在雄壮的国歌声中仪式正式开始,随着鲜艳的五星红旗冉冉升起、随风飘展,"呼伦湖"号大型高速补给舰舰长和政委郑重从海军司令员手中接过军旗和命名证书。那一刻,全场掌声雷动,举国欣喜振奋,世界高度关注。

那么,为何一艘小小的综合补给舰的正式入列会令国人如此兴奋、让世界如此关注呢?

众所周知,人民海军的首艘航母"辽宁"号虽然在2012年就已经入列了,但远洋作战的补给能力一直不够。之前的补给舰对于航母舰队这个"大块头"编队有点"力不从心":自身肚子太小、跑得太慢,导致既喂不饱,也跟不上整个编队。而被网友亲切誉为"超级奶妈"的"呼伦湖"号大型高速补给舰的入列正好补齐了航母编队的这块重要短板,从此使人民海军航母战斗群深入远海大洋时有了坚强的后盾!

由此可知,补给舰对于一支要走向深蓝的海军是多么的重要,它是编队远洋补给的海上"浮动基地",更是战舰走向深海大洋的宝贵"生命线"!

> 图49 "呼伦湖"号大型高速补给舰升旗仪式

第2章 海上"浮动基地"——补给舰

逐渐走向深海大洋的补给

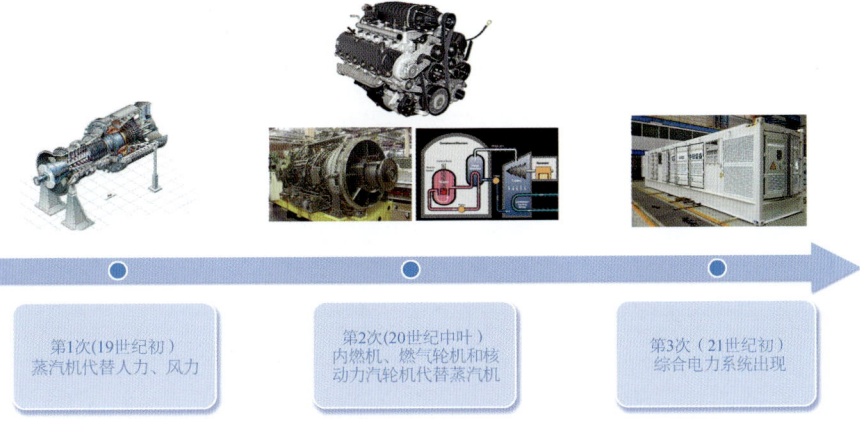

第1次(19世纪初)
蒸汽机代替人力、风力

第2次(20世纪中叶)
内燃机、燃气轮机和核动力汽轮机代替蒸汽机

第3次(21世纪初)
综合电力系统出现

> 图50 舰船动力的三次革命

民以食为天，舰艇也一样。当军舰在海上执行任务时，跑得远、时间长，弹尽粮绝，但又不能撤退，怎么办？这时当然只能靠战舰们的"奶妈"——补给舰来"供奶"了！

补给舰是较早出现的支援舰之一，也是支援舰中最大和最重要的一支，其作用类似于海上"浮动的补给基地"。早期对于舰船的补给比较简单，主要考虑的是舰船的动力燃料和供舰员生活的食物，虽然只是简单的补给，但也令人煞费苦心；而现代的补给品种就花样很多了，补给方式也越来越先进和方便了，这中间的演变过程是怎样的呢？这一切还得从舰船动力的几次革命说起。

小贴士

舰船动力的三次革命

舰船动力可以说是舰船的"心脏"，如果"心脏"出现了问题，舰船就得瘫痪。人类自发明舰船以来，就从未停止对"强劲、持久、环保"新型动力源的探索和追求，目前主要开创了三次划时代的舰船动力革命，为舰船的快速发展提供了"强劲动力"。

源远流长的海上补给

海上补给具有悠久的历史，其技术的发展是与航海技术、补给装置紧密相连的。

19世纪以前的舰船主要是人力战舰、风帆战舰，它们主要依靠摇橹或风帆提供动力，称得上是一种绿色环保的舰船，因此不用存储大量的动力燃料。又因为人力战舰或风帆战舰具有宽大的舰体，可以储存简易食品，维持舰员生活很长时间。如中国春秋时期战船、明代航海家郑和下西洋的"宝船"和大航海时代的战舰就是人力战舰或风帆战舰。

当然，这样一种"自给自足"、绿色

> 图51　古代人力战船

环保的人力或风帆战舰，也并非全是优点，其缺点也相当明显，那就是：船靠人或风"吃饭"，不好驾控；跑得慢，容易遭受攻击等。于是，在19世纪初，有"好事者"就将蒸汽机搬到船上，人类从此进入了蒸汽机战舰时代。

> 图52　大航海时代的风帆战舰

> 图53 郑和船队的各种船型

> 图54 蒸汽机战舰

郑和七下西洋船队中的补给船

为了完成下西洋任务，郑和组建了世界上前所未有的庞大远洋船队，并有着详细的职能划分。郑和每次出使，乘船多达一两百艘，但若按用途来分，大致可分为宝船、战船（座船）、粮船、水船数种。

粮船和水船是郑和船队的补给船，是保障船队所有成员日常生活中餐饮和浆洗等所需粮、水的载体。专门的水船、粮船编入船队，为船队的远航解决了一大后顾之忧，它代表了中国古代帆船制造的鼎盛时期和当时海船业制造发展的最高水平。

蒸汽机战舰确实弥补了人力或风帆战舰的许多不足,但新的"麻烦"也接踵而来:首先,动力的革新带来了大量燃料如何供应的问题,当时驱动蒸汽机运动的蒸汽是靠烧煤的锅炉产生的,因此蒸汽机战舰需要消耗大量的煤,但一艘战舰每次执行任务时又不可能装满煤,否则那不是战斗性舰艇,而是"运煤船"了;其次,受储存空间等限制,食物的补给也成为远航一大问题。于是,航海的"重要难题"——如何进行远洋海上补给,就成为各国海军关注的重中之重。

在没有好的解决办法的情况下,很长一段时间里,人们只能采取装够从一个港口抵达另一个港口的煤量和食物量的临时办法。不过随着食品冷冻和压缩运输等技术的发展,专门从事食物供给的食物补给舰(又称"商店船")迅速出现,并且成为大洋远航中不可或缺的一环。当时威震日本的大白舰队就配置了2艘食物补给舰。

1898年,美国海军工程师潘塞·米勒首先采用架空索道法,从"马格鲁斯"号运煤船向"马萨诸塞"号战列舰进行航行纵向补煤试验,开创了航行补给的先河。但与食物补给相比,舰船动力燃料补给问题却进展很慢,收效不佳。尽管当时人们针对如何进行煤球补给的试

> 图55 烧煤时代的大白舰船

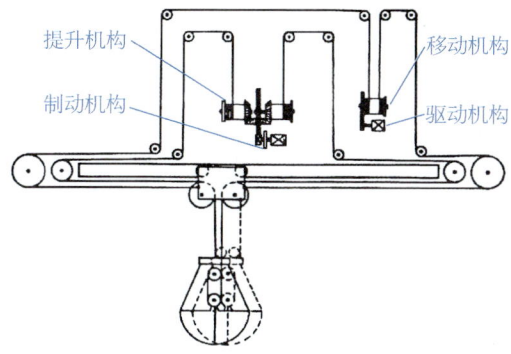

> 图56 早期的煤球补给装置是现代干货补给装置的雏形

> 图58 烧煤时代的大白舰队

> 图57 煤球的纵向补给方式是现在纵向补给方式的雏形

验一直在紧锣密鼓地进行着，也初步研制出了带有简单提升机构、移动机构、制动机构和驱动机构的煤球补给装置，但因为操作烦琐、效率低下而没有得到广泛采用，以至于当年为了保证舰船的远洋航行，许多舰船还是"自备燃料"——甲板上煤包成堆，因此一旦开战，就只能"背水一战"，扔掉煤包再战。

蒸汽机时代烧煤的尴尬最终还是依靠舰船动力的又一次革新而得以缓解。

19世纪末，煤锅炉终于被更换成燃油锅炉。与煤锅炉相比，燃油锅炉具有启动快、热量值高、废弃燃料损耗率低等优点，特别是燃油补给比煤球补给方便很多。到了20世纪中期，随着内燃机、燃气轮机与核动力汽轮机逐步发展成熟并先后投入应用，舰船终于脱离"煤运"，正式迈进了"燃油"时代。因此这时动力燃油补给的问题便变成了：如何在航行时进行油料补给。但与干货补给相比，液货补给要简单得多，于是专门进行燃油补给的油料补给舰终于在一战前正式服役了。英国皇家海军辅助舰队的"Kharki"号是世界上第一艘油料补给舰。

至此，食物补给舰和油料补给舰就分别在这个时候成长起来了，随后就开始了大刀阔斧的改造和大踏步的发展。

补给舰的大规模应用

海上补给的大规模应用主要是在二战太平洋战场上。当时,随着同盟国盟军战线的进一步推进,如何保证远征舰艇的后勤补给成了突出问题,如果采取传统的返回母港进行补给的方式已经不合适了,原因主要有两点:一是会延误战机,给轴心国休整、补充与加强防线的机会;二是会导致物资浪费,白白消耗舰艇往返于母港间的大量燃油等物资。于是,专门从事补给的舰队在一些海军强国中就陆续登场了。

当然,二战时期的补给技术还很落后。在补给方式上,当时由于大多数补给舰航速较低,不能伴随海上编队航行,作战舰艇只能到远离战区几百海里之外的补给编队接受补给。在补给方法上,当时还没有直升机垂直补给;大多数补给舰还是只能进行燃油等单种液货补给;弹药等干货补给主要采取舰队在锚地靠泊后进行的方式,即通过陆地(岛礁)或前方基地周转一下再补给舰艇。因此,为保护补给舰前往基地,在波澜壮阔的海面上上演了许多"护航"与"反护航"的战争画面。

20世纪50年代,一些海军强国陆续将海上补给纳入海军建设的整体发展轨道中,出现了一批航速较高、可伴随海上编队航行的新型综合补给舰,如美国萨克拉门托级快速战斗支援舰,使海上

> 图59 被美国潜艇击沉的"日本丸"号油轮

补给水平发展到了一个新的高度。1959年，美国海军首次发明了采用直升机吊运物资的垂直补给模式，从此直升机登上了快速补给物资的舞台。

20世纪60年代以后，随着液压和计算机等技术的迅猛发展，补给装置也得到了快速更新换代，海上补给逐渐走向现代化。同一时期，加拿大海军提出了将干、液货专用补给站合二为一的两用补给站概念，从而大大减少了补给门架和设备。

20世纪70年代，美国海军在高速自动传送装置（FAST）的基础上又推出了标准横向补给装置（STREAM），研制出了液压式张力高架索、半自动加油探头等自动化装备，实现了可以同时进行纵向、横向、垂直等多种补给的技术，大大提高了补给效率。

\> 图60 综合补给舰为多型舰船同时补给

小贴士

二战时期的同盟国和轴心国

二战（1939年9月1日—1945年9月2日），全称是第二次世界大战，亦可称世界反法西斯战争。

战争的一方是发动侵略战争的轴心国和其仆从国。轴心国主要是德国、意大利、日本，其仆从国包括匈牙利、保加利亚等。

战争的另一方主要是反法西斯的同盟国和全世界反法西斯力量。同盟国主要国家有美国、英国、苏联、中国，其他盟国有法国、加拿大等。

神通广大的各型补给舰

补给舰是配备了补给装置，专门承担海上补给任务的海军支援舰的统称。补给舰体量巨大，与一般军舰相比，其外观更像商船。但有趣的是，即使可以自行研发战斗舰艇的国家，也不一定能自行研发补给舰，原因是补给舰船体的设计和建造并不困难，但它上面的海上补给装置，即使放到今天，也仍然是套复杂的综合性技术系统。

通常，按所补给物资的不同，可将补给舰分为专用补给舰和综合补给舰两大类。美国作为世界上唯一的一个全球性海军，具有强大的补给系统，也有较完整清晰的分类系统，它在以上两种补给舰的基础上，又提出了一种快速战斗支援舰。

单一物资供给：专用补给舰

专用补给舰是现代补给舰的最基本型号，主要用于单一物资的补给或以补给某一种物品为主。按照补给物资的种类，专用补给船通常又分为油/水补给舰、弹药补给舰等。

补给舰一般左右对称分布，干货和液货的补给装置在工作原理上是一致的，都类似陆地上的空中索道。补给时，绞车组成空中闭合索道，各绞车协调变动，就可以把物资或输油管送到接收舰船上。

> 图61 美国油水补给舰

> 图62 澳大利亚"天狼星"号弹药补给舰

第2章 海上"浮动基地"——补给舰

一站式配齐：综合补给舰

综合补给舰是现代补给舰的主要舰种，是一种全能补给舰，能同时进行油、水、弹药、粮食等多种物品的综合补给。因为具有补给品种全、补给效率高、建造费用低（相对于建造几艘专用补给船而言）等特点，因此综合补给舰是各国海军发展的重点。但很有趣的是，这么一种被世界各国海军广泛应用的补给舰艇，其最早是二战前夕由德国提出的，战后却被美国发扬光大。

综合补给舰满载排水量一般在1.5万～3万吨，从吨位来说是除了航母之外排行"老二"的军用舰船。另外，其最大航速一般在15～20节，且设有直升机平台，具备垂直补给能力。

综合补给舰因为补给品种全，因此补给装置也众多。其补给装置分布通常是在综合补给舰的舯部配置横向补给装置，用于液货或干货补给；艉部设置纵向补给装置，进行液货纵向补给，并安装直升机平台，进行垂直补给；两舷安装吊车，用于锚泊补给和漂泊补给。

由于综合补给舰实现了将多种补给物资集中在一艘舰船上进行补给的功能，可以看成是油水补给舰、弹药补给舰等多个专用补给船的综合体，因此当舰队需要补给时，只需跟综合补给舰进行一次对接，即可获得所有补给物资，无须跟不同类型的专用补给船进行多次对接，既减少了补给时间，又降低了暴露在敌人火力下的危险。

> 图64 "千岛湖"号综合补给舰为"昆仑山"号船坞登陆舰补给燃油

> 图63 综合补给舰的主要补给装置分布

小贴士

美国补给舰的分类

美国在补给舰分类上，有自己独特的分类系统，美国将补给舰细分为舰队油水补给舰（AO）、弹药补给舰、综合补给舰（AOR）与快速战斗支援舰（AOE），其中油水补给舰和弹药补给舰就属于专用补给舰范畴。

航母"奶妈"：快速战斗支援舰

快速战斗支援舰的概念最早是由美国提出，是美国海军针对航母战斗群的一些特殊需求而量身定做的，是航母专职"奶妈"，也是"加强版"的综合补给舰。那么，同综合补给舰相比，它主要"强"在哪里呢？主要体现在以下几个方面：

（1）排水量大幅增加，具备4万吨级排水量是其入门标准。例如，美国的萨克拉门托级快速战斗支援舰为5.3万吨，供应级快速战斗支援舰为5万吨，当然日本的摩周级快速战斗支援舰是个特例，只有2.5万吨。

（2）一舰多能，具备传统油料、干货、弹药等补给能力是其必备技能，而且由于排水量大幅增加，能装载的物资通常很多，因此每项补给的数量也大幅增加。

（3）航速显著提高，具备与主战舰艇相匹配的高航速。例如，供应级快速战斗支援舰最大航速为25节，萨克拉门托级快速战斗支援舰最大航速为26节，能追上航母编队高速行进的步伐，保证了编队的快速性。

由于快速战斗支援舰建造及使用成本高昂，因此目前世界上大多数国家的海军还是以建造综合补给舰为主。

在武器系统方面，补给舰一般只配置一些自卫性的武器，且通常是快速战斗支援舰的防御武器系统比较齐全，综合补给舰次之，油船最差。

> 图65 萨克拉门托级快速战斗支援舰

> 图66 供应级快速战斗支援舰

> 图68 补给舰上重型直升机

> 图67 补给舰上单管30毫米舰炮

灵活多样的海上补给方式

 **海上主要补给模式**

海上补给的主要模式通常有伴随补给、定点补给、分段接力式补给三种。通俗地讲，如果补给舰的补给就相当我们的保姆给主人干家务活，那这三种补给模式的特点就类似于"全职保姆""钟点工保姆"及"保姆公司接力服务（几个人为主人服务，各有分工）"！

"全职保姆"——伴随补给

伴随补给就是将具有综合保障能力的综合补给舰直接编入作战舰艇编队的序列，组成特混编队，对航母等编队实施跟进伴随补给。

由于是跟随编队进行保障，因此这种补给模式具有保障及时、快速机动，便于协同指挥的优势，其补给方式一般采取航行补给、停泊并靠补给等。

伴随补给通常应用于在作战持续时间较长但直接作战时间较短或战斗规模不大的情况下，尤其是实施对岸攻击、支援登陆作战及海上封锁作战等场合。

这种补给实施的是一种贴身补给的方式，就像一个"全职保姆"，24小时为

第2章 海上"浮动基地"——补给舰

舰队提供补给服务。其配备的数量通常与航母战斗群内航母数量相同,其站位一般位于航母战斗群编队的内层靠近航母的位置,但当航母战斗群处于危险海区时,有时综合补给舰伴随补给也留在作战海区外缘,依靠综合补给舰实施军需物资补给。

据美军估算,在战争条件下,编队配置一艘综合补给舰后可使航程增加至7 000海里,自给力提高至约10昼夜,使作战和自持能力提高一倍左右。另外,这种补给模式可以保障航母战斗群在6～8昼夜不间断地作战,并可将补给时间缩短1/3～1/2。

> 图69 美国补给舰航行过程中给航母补给

"钟点工保姆"——定点补给

定点补给是补给舰队在作战海域附近指定的集合点待命,需要补给的战斗舰艇依次退出战斗海区到集结点接受补给,补给后再重新投入战斗或返航。完成补给后机动保障编队返回集结点或前往新的集结点,等待执行下一次保障任务。

定点补给主要由补给品单一、航行补给能力弱的舰队油船、战斗补给舰及军火船担任,来往于前线与基地之间进行补给。

在参战兵力较多,战区威胁程度高,以及双方海上兵力直接冲突,争夺制海、制空权时,采用定点或应召保障这种运行方式较为适宜。

伴随补给和定点补给模式各有优缺点。尽管具备伴随补给的补给舰吨位较大和补给能力较强,但仍不能满足庞大的海上编队长时间航行的需要。在充分吸收以上两种补给模式的情况下,人们又推出了更适合于大型海上编队执行远洋作战任务使用的分段接力式补给模式。

> 图70 "辽宁"号航母战斗群

"保姆公司接力服务"——分段接力式补给

分段式接力式补给方式融汇了上述两种方式的优点。该方法事先在编队的任务路线上设置几个补给"接力点",即将补给路线分成几段,每一段由不同的补给舰负责完成,类似于接力赛跑一样将补给物资从后方基地传到前方编队。

在分段接力式补给模式中,通常的分段接力式补给流程是:由穿梭船将补给物资从后方基地运抵岗位船,再由岗位船作为编队的补给舰实施伴随补给。根据以上分工,穿梭船由航速较慢的专用补给舰或一些经过改装的商业油船等组成,岗位船则由航速高、综合补给能力强的快速战斗支援舰或综合补给舰担任。由此可见,分段接力式补给模式是一种以快速战斗支援舰为核心、综合补给舰为骨干、穿梭船相配套的海上高效补给保障模式。

> 图71 海上补给食物

后方基地

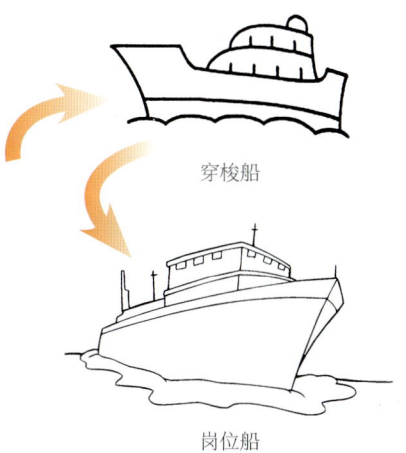

穿梭船

岗位船

> 图72 分段接力式补给示意图

各国海上补给模式

通常，各国海军根据自身编队情况来采取不同的海上补给模式。

美国因补给舰数量众多，因此伴随补给、定点补给、分段接力式补给三种模式都有。其他国家海军不似美国海军有庞大远洋编队和漫长补给线，因而海上补给模式大多以伴随补给为主。

表6　各国海上主要补给模式

国家	补给模式	备注
美国	伴随补给+定点补给+分段接力式补给	补给船队十分完善，补给舰船十分齐全
中国	伴随补给+定点补给	以综合补给舰为主，专用补给舰数量较少
俄罗斯	伴随补给	因综合补给舰航速较低，编队通常需降速或采取迂回会合方法进行补给
英国	伴随补给+动员征租民船	伴随保障的通常为单功能船，如各种油船、军火船和粮船等
法国	伴随补给	以2艘综合补给舰配属水面舰队
日本	伴随补给	海上自卫队则对每个"八八舰队"在执行中、远海任务时配属2艘综合补给舰

 丰富多样的补给方式

根据作战舰艇长时间远海活动的需要，补给舰提供补给的内容虽然繁多，但通常可归为两类：一类是补充干货，如食物、武器、弹药等，通常称为"干货补给"；另一类是补充液货，如燃油、水等，通常称为"液货补给"。

对于这些干货或液货补给，根据补给舰船或直升机与接收舰船所处的相对状态，一般可分为航行补给、锚（漂）泊补给和垂直补给三种方式。

航行补给是补给舰船和接收舰船均在航行状态下开展物资补给的活动。根据补给舰船和接收舰船两者所处的方位不同，分为航行纵向补给和航行横向补给两种。

锚（漂）泊补给是补给舰船和接收舰船在锚泊或漂泊状态下开展物资补给的活动。锚泊补给又称"锚地补给"；漂泊补给又称"漂移补给"。根据补给舰船和接收舰船所处的方位不同，又可细分为锚（漂）泊并靠补给和锚泊纵向补给。

垂直补给是指采用直升机为主要运输工具为接收舰船进行物资补给的活动。根据直升机补给的方式又可细分为悬吊、着舰和空投3种垂直补给。

最古老的补给方式——航行纵向补给

航行纵向补给又称"船艉补给",就是补给舰船在前面航行,从船艉抛下带有浮筒的软管;接受补给的舰船在后面跟随航行,打捞起并接驳补给舰抛下的软管,然后进行补给的活动。两艘船以相同的速度航行。

航行纵向补给装置类似于一种远距离传送液体的管道系统,整个航行纵向补给作业流程包括放管、捞管、对接、补给、高压空气对软管扫线、解脱软管。

这种补给方式的优点是补给装置简单、技术要求低、操作方式简便、安全性高,能在较恶劣的海况下进行作业,两船一前一后同速航行,不易发生碰撞等;其缺点是通常只能补给液货,而且每次只能给一艘舰船进行补给,输油软管较长、效率低,软管浸在水中,极大增加了舰船运动的阻力,传递和捞取油管不方便等。

鉴于以上航行纵向补给的优缺点,尽管航行纵向补给是最早开始被研究和应用的补给方式,但随着其他补给方式的兴起,这种补给方式已经风光不再、日渐衰落,目前已很少被采用,通常只作为航行补给方式的一种辅助形式。

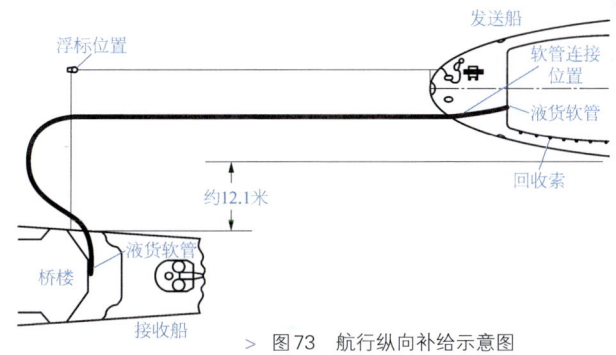

> 图73 航行纵向补给示意图

> 图74 航行纵向补给

最常用的补给方式——航行横向补给

由于航行纵向补给具有不易补给干货、不能进行多舰同时补给等缺点，人们就开始研究航行横向补给。直到1917年，美国"莫米"号油船在大西洋上采用"舷侧法"为海军驱逐舰加油成功，标志着航行横向补给的正式诞生。

航行横向补给方式的优点是效率高、补给速度快、品种全，可适应较高海况，也具备同时对两艘舰船甚至三艘舰船进行补给工作。当然，由于航行横向补给的关键是要补给舰船和接收舰船必须同向等速并行航行，因此其操控技术和难度要比航行纵向补给高很多，补给装备结构也较复杂，且补给过程中安全性低，操控稍有不慎极易发生碰撞。

在进行航行横向补给时，人们通常采用的主要有高架索法、吊杆法、跨索法、通索法和马尼拉索法。

目前，主流的标准航行横向补给系统采用的就是一种高架索法，它主要包括标准横向干货系统和标准横向液货系统。

标准横向干货补给系统采用高架索、内牵索、外牵索"三索法"补给：通过高架索滚动并输送货物；通过内牵索将传送吊车拉回补给舰；通过外牵索将传送吊车拉向接收舰船。高架索恒张力补偿平稳可靠、响应速度快。在这种补给系统中，通过内牵索和外牵索的协调控制可以实现对补给速度、高架索张力和传送位置的自动控制，快速完成对航母及编队的弹药等干货补给。

补给舰上的门架是一种适合进行快速补给的大型设备，门架都很高，弹药等干货吊挂在钢缆下，依靠重力就能像坐滑梯一样滑向接收舰船。

标准横向液货补给系统采用高架索、内鞍座索、中鞍座索、外鞍座索挂补给软管形式补给，主要设备有张力补偿设备如作动筒张力器、高架索绞车等。液货补给时，输油软管、鞍座、滑车和加油探头沿高架索向接收舰船滑动并对接，从而开始输送油料或水。

当然，对于航母等胃口大的"大块头"，通常一次采用"双管齐下"，即同时采用两个管子燃油补给，以提高补给效率，缩短补给时间。

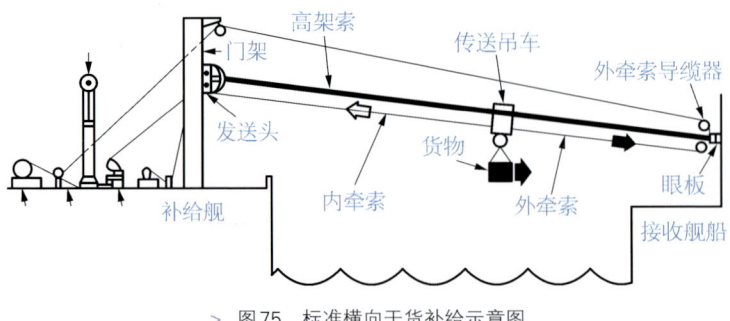

> 图75 标准横向干货补给示意图

表7　几种航行横向补给方法

航行横向补给方法	主要设备	优缺点	适用对象
高架索法	补给门架、接收柱、高架索	先进、快捷	适合于给大型舰艇补给
吊杆法	可以旋转的吊杆	比较简单	主要用于中小型舰艇
跨索法	吊杆、滑轮、跨索	由人控制收放，自动化程度较低	主要用于中小型舰艇
通索法	吊杆、牵引索、通索	由人控制收放，自动化程度较低	主要用于中小型舰艇
马尼拉索法	人力架设纤维索	比较简单，但效率低	重量较轻的小件物品，主要用于小型舰艇

> 图76　横向干货补给

> 图77　横向液货补给

> 图78　补给舰输油管与接收舰船的接收装置进行对接

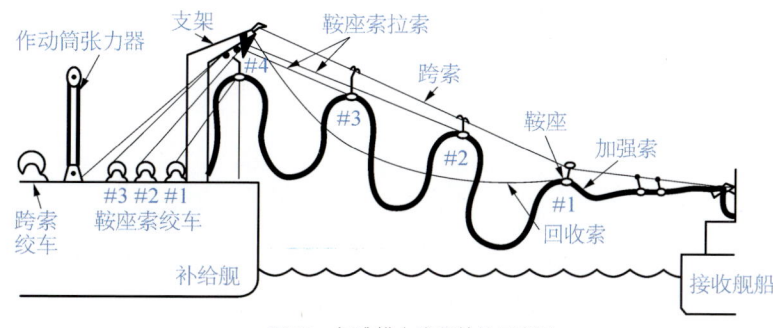

> 图79　标准横向液货补给示意图

针对以上干货、液货补给示意图，其整个补给过程可概括为以下三步：

第一步：架设索道。

当补给舰和接收舰船同向等速并行航行到补给站位时，补给舰通过特制抛缆弹把红色的细缆绳先打到接收舰船上，这有点类似于"抛绣球"一样，不过这个绣球的后面跟着粗缆绳，接收舰船在接到缆绳后，利用补给舰和接收舰船上的设备即可迅速在两船间架设高架索道，这样"天堑变通途"了！

> 图81 橡胶制成的抛缆弹

> 图80 通过抛缆枪可将缆绳弹射到接收舰船上

抛缆枪

第二步：固定补给装置。

在保持足够张力的钢缆索道建好后，则油管等补给装置就可沿着索道或被拉到接收舰船上，并被安装固定好，这样就可以顺畅地传送物资了。

值得注意的是：北约及其盟国对于横向补给系统具有统一的标准，横向液货采用统一规格的软管、加油探头与受油头接口，对航母补给是采用双探头与双受油头，对驱逐舰、护卫舰、巡洋舰采用单探头与单受油头接口形式。横向干货采用统一的接口，并制订海上补给统一的操作规程，使不同国家的海军舰船能够互相补给。

> 图82 加油管接头通过索道缓缓滑向接收舰船

> 图83 还未加油时的管子是瘪的

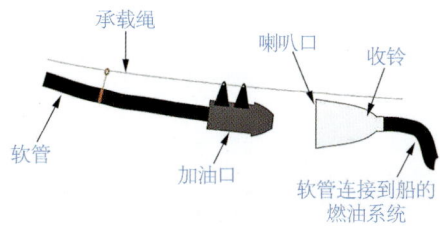

> 图84 单软管加油口和接收端的示意图

第三步：控制距离，开始补给。

对接好加油管后，最关键的就是要让两艘舰船保持好间距和航速，尽管两艘舰船间的钢缆有张力调节机构，但调节的距离还是非常有限。可以想象，浪很大，两艘数万吨的舰船在几十米的距离上保持并行航行还是非常考验技术的。

因此，在开始补给的时候，通常也是最危险、最能检验舰艇

> 图86 缆绳上每隔一定距离都拴一个彩色的记号

> 图85 波涛汹涌中保持两船距离开始补给

长官综合指挥能力的时候。一般航行横向补给要求两艘舰船左右并行距离控制在相距50米左右，因为如果两者距离过远，钢缆和补给管道有断裂的危险；如果两者距离太近又会导致湍流，极易引起碰撞！

那么，如何来测定这个距离呢？传统的测距方法是在两艘舰船间牵直一根系满彩旗的绳子，每两面彩旗之间的距离是5米，一共有10个段落，通过观察这根绳子即可大致了解两舰的距离：如果绳子绷紧了，就要注意两舰距离是否太远；如果绳子松了，就要注意两舰距离是否太近。指挥员根据绳子的松紧情况来下达相关舰船航行指令，非常简单、实用有效。

固然，用系满彩旗的绳子来测定两船的距离是非常实用和有效的办法。但到了夜间没法看清彩旗，那又该怎么来控制两艘舰船的距离呢？不用急，有的是妙招！那就是夜间可通过看横向钢缆上的红蓝灯光源来判断两艘舰船的距离。

> 图87 夜间海上补给的各色光源

最灵活的补给方式——垂直补给

垂直补给通常有悬吊、着舰和空投三种方法。

悬吊法是直升机在空中悬停状态下将物资悬吊至接收舰艇上。此方法具有补给速度快等优点,因此在垂直补给中应用最广泛。

> 图89　垂直补给空投法

> 图88　垂直补给悬吊法

着舰法是直升机先在补给舰船或基地上装载完补给物资后，再起飞并降落至接收舰船上，最后进行卸货的补给方法。此方法补给一次需直升机两次起落，补给时间较长，且只能在低海况下进行，与悬吊法相比，适用性较差。

空投法是运载货物的直升机将补给货物空投在补给舰或其附近区域，由接收舰艇人员进行打捞。此方法通常在应急情况下采用。

垂直补给方式比较灵活，不管是在航行还是锚泊状况下都能进行，是当代最有效、最现代化的补给方式，已成为海上补给的重要方式之一。其优点是补给距离远、机动性能强、补给速度快，特别适合运送那些对时间要求比较敏感的补给品；缺点是在恶劣天气下不能作业，每次运载量较少等。

垂直补给的装备主要包括各型直升机、吊索和系列化吊具等。

> 图91　垂直补给着舰法

> 图90　美国供应级快速战斗支援舰进行垂直补给作业

美国　CH-46直升机

美国　SH-60直升机

中国　直-8直升机

欧洲　NH90直升机

俄罗斯　卡-27直升机

英国、意大利　EH101直升机

> 图92　海军垂直补给常用运输直升机

目前，在世界各国海军中，美国海军的垂直补给技术最先进，且应用垂直补给也最多。在航母编队中，通过接收垂直补给的物品数量占整个货场物资补给总量的1/3以上。

20世纪70年代后，美国海军对补给装备进行简化，本着结构简单、操作方便、易于存放和方便吊运的原则，逐步淘汰非标准设备。

目前，美海军的补给舰大多数配备2架CH-46直升机用于垂直补给。CH-46直升机为双主旋翼，最大搭载或吊装能力为4.5吨，补给舰和接收舰船之间相距700～900米时，平均每小时补给货物120吨，最多时能补给180吨。

美军除将CH-46直升机作为垂直补给主要机型外，还使用了MH-60直升机、SH-60F直升机和SA-332直升机等。

最直接的补给方式——锚（漂）泊补给

锚（漂）泊补给一般在锚地或海湾等地进行。在补给前，通常是补给舰在停泊状态下，接收舰船低速靠拢补给舰，两舰船通过预先设置在补给舰舷侧的防撞设备吸收两舰船之间的冲击能量，并靠完成后两舰船之间进行系泊固定，然后进行干、液货补给的一种方式。

> 图93　锚泊并靠补给

锚（漂）泊补给方式优点是补给设备简单；缺点是只适合在较低海况下进行，消耗时间长。另外，对于大型航母等外飘线型舰船因两舰船并靠比较困难，因此并不适合锚（漂）泊补给。

当然，航行纵向补给、航行横向补给、垂直补给和锚（漂）泊补给这四种补给方式各有优缺点，为了提高补给效率，通常采取多种站位同时开展、多种补给方式相结合的方式，即一艘补给舰与一艘或多艘接收舰船同时进行航行横向补给、纵向补给及垂直补给。

利用测定两舰船距离的办法，许多补给舰补给的水平越来越高，目前已实现两船同时横向补给，甚至两船横向补给、一船纵向补给的三船同时补给情况。这就要求三舰船，甚至四舰船要保持精确的同速同向航行，难度有点像演杂技！

总的来看，目前在众多的海上补给方式中，航行横向补给方式仍是"当家花旦"，应用最为普遍；但垂直补给方式是"后起之秀"，应用正逐步提高。多数西方国家海军受其海洋战略的限制，一般很少在远海长期活动，对舰艇的续航力及相应的补给手段要求不是很高，所以仍将继续实行以航行横向补给为主，辅以航行纵向补给的方针。但在其他许多国家海军中，受补给水平限制，仍在采用航行纵向补给方式。

> 图94 多种补给方式下多站位补给（航行横向补给＋航行垂直补给）

> 图95 "环太平洋–2014"演习中人民海军两舰船同时补给

> 图96 美国多种补给方式下多站位补给(航行横向补给+航行纵向补给)

中国补给舰

新中国成立初期，人民海军一直是一支近岸作战力量，主要担负海岸线防御、海岛补给运输、近岸航线维护等任务，活动范围通常在海岸线50海里以内，舰艇以早出晚归为主，在这种情况下，人民海军对补给舰的需求不大。但随着海军战略的调整和海上斗争的需要，建造与人民海军战略使命相对应的补给舰，从而解决人民海军不能远航的"腿短"问题，已经成为人民海军建设的重中之重。

20世纪50年代，由于补给技术落后，在沿海作战中中国主要采取一些比较落后或原始的方法进行海上补给，如两艘舰艇靠帮补给法，或补给舰艇将油料桶抛入海中，再由作战舰艇打捞等办法实施补给。

20世纪60年代，中国开始探索海上补给技术，研究纵向漂泊加油技术。

20世纪80年代初，开始建造综合补给舰，研制横向补给装置和改进纵向补给装置。

21世纪初，先后多艘新型综合补给舰服役，海上补给装置逐步标准化、系列化，水平大为提高。

至此，中国历经几代人的共同努力，创造了补给舰由弱到强、由小到大、由单一到综合的快速发展过程。在短短半个多世纪的时间里，共建造了"鄱阳湖"号、"青海湖"号、"千岛湖"号、"呼伦湖"号等十几艘四代五型综合补给舰，以及中国特有的"洞庭湖"号、"抚仙湖"号等多艘两代岛礁补给舰。

> 图97 "微山湖"号综合补给舰

第2章 海上"浮动基地"——补给舰

第一代大型综合补给舰

20世纪70年代初，为了配合南太平洋运载火箭的发射保障行动，人民海军开始建造以"远望"号航天测量船、新型导弹驱逐舰、油水补给舰等18艘舰船组成的远洋测量保障船队。其中油水补给舰就是中国第一代大型综合补给舰。该综合补给舰的投入使用，大大延长了保障编队在远海区域活动的时间，具有重要的作用和意义。

该级舰排水量大，航速快，中部设有多个液货和干货补给门架，可同时进行油水、干货横向补给。船艉设有直升机起降平台，可以实现垂直补给，但美中不足的是没有设机库，因此不能搭载直升机。同时，基于自卫考虑，该级舰装备有76式双联37毫米舰炮。

值得说明的是，该级舰上装备的横向补给装置是中国科技人员的独创成就。在当时，中国技术人员立足于自动化高速液压系统技术还不成熟等国情，采用了较为简单的重锤补偿方式。该横向补给装置具有在常见海况下能自动调节补给索张力的基本恒定，保障了航行横向补给的正常运行，除了在高海况适应性稍次于国外先进横向补给装置外，其他基本性能都达到了当时国际先进水平。

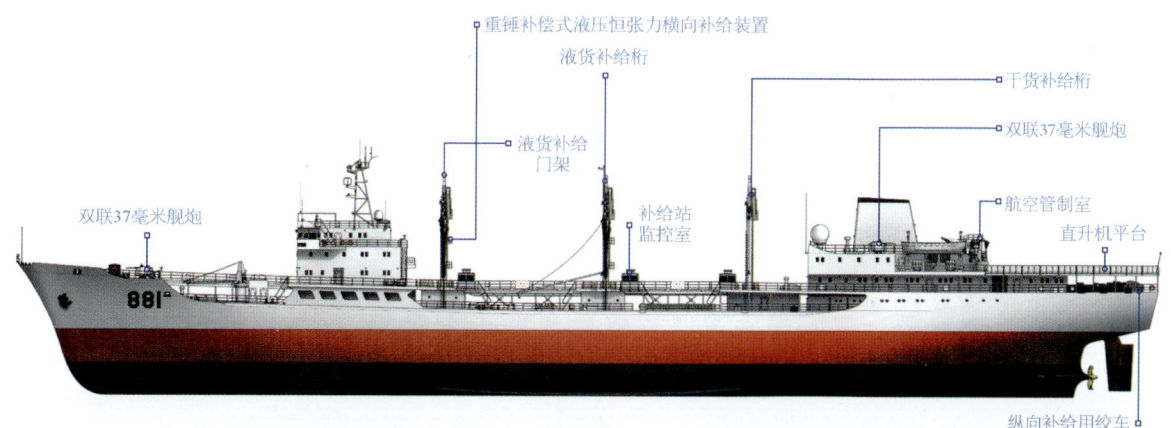
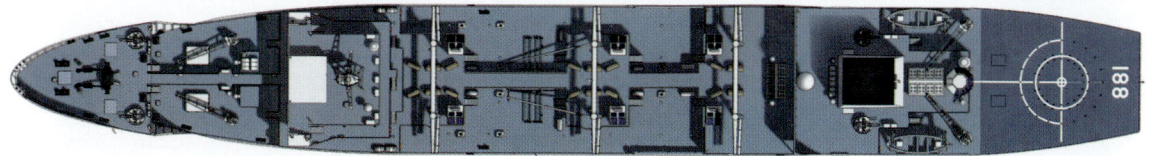

> 图98　第一代综合补给舰详图

同时，作为补给油料的备用方式，该级舰还装备了第二代航行纵向补给装置；另外，垂直补给系统也是该级综合补给舰的一大亮点。

该级舰虽然较好地解决了油水补给的问题，但在干货补给能力方面较弱，仅能装载少量的冷藏食品和弹药，相当于是油水补给舰。

第一代综合补给舰建造了多艘，其中比较著名的有"鄱阳湖"号和"洪泽湖"号综合补给舰。

中国第一艘综合补给舰——"鄱阳湖"号

"鄱阳湖"号综合补给舰是中国第一艘油水、干货补给舰，开启了中国正式研制综合补给舰的先河。该舰于1976年6月开工建造，在1979年12月正式加入人民海军序列。

1980年5月，中国首次开展了向南太平洋海域发射运载火箭的试验任务，

> 图99 中国第一艘综合补给舰——"鄱阳湖"号

"鄱阳湖"号综合补给舰参加了为此次试验任务保驾护航的特混舰队编队，是整个编队的"流动补给粮仓"。在历时近400小时、航程近9 000海里的编队航行过程中，"鄱阳湖"号综合补给舰共为编队实施海上补给64次，总补给量约1万多吨，圆满完成了编队的保障任务。

> 图100 "鄱阳湖"号在海上进行补给训练

第2章 海上"浮动基地"——补给舰

中国"首次环球航行"的综合补给舰——"洪泽湖"号

"洪泽湖"号综合补给舰是"鄱阳湖"号的同型舰。该舰于1981年服役，服役后首次命名"太仓"号，后改名为"太仓"舰，2002年7月改名为"洪泽湖"号综合补给舰。

服役以来，"洪泽湖"号综合补给舰承担了南沙战勤保障、重大演习演练任务，以及赴20多个国家的出访任务等。尤其是在2002年，"洪泽湖"号综合补给舰历时4个多月，总航行3万余海里，出色完成了人民海军首次环球航行，创下了人民海军"首次通过巴拿马运河"等16个纪录。

小贴士

718工程

20世纪60年代，中国在已经掌握原子弹制造技术后，决心进一步发展洲际弹道导弹。但由于这种导弹的射程超过中国陆地国土范围，因此如要进行实弹试验，就必须射向远海，而要进行洲际弹道导弹的数据测量与飞行姿态观察，必须出动远洋航天测量船。于是，国防科工委向中央军委报告，提出了研制测量船、护航舰艇和后勤补给舰等船只的工程项目。因为该项目计划批准上报的时间为7月18日，所以该工程项目也称为718工程。

中国第一代航行纵向补给装置

20世纪60年代初，中国开始了海上补给技术研究工作，并成功试制出中国第一代航行纵向补给装置。这种装置的原理很简单：在舰艇艉部用浮标拴着软管从海上漂浮到被补给舰艇附近海面，战士从海上捞起软管，插进油水舱进行补给。1963年，在探查"跃进"号万吨轮船沉没原因时，曾采用第一代航行纵向补给装置为某型护卫舰补给燃油。该型装置虽然技术落后，但开启了人民海军海上航行补给的先河。

> 图101 "洪泽湖"号综合补给舰

第二代大型综合补给舰——"青海湖"号综合补给舰

20世纪70年代末，随着中国自行建造的驱逐舰和护卫舰先后批量服役，补给舰数量不足的问题逐渐暴露出来，迫切需要建造能与驱逐舰、护卫舰等组成编队执行远洋任务的新型补给舰。

"青海湖"号综合补给舰是中国的第二代综合补给舰，也是当时中国最大的补给舰，其前身是国外一艘未完工的远洋油船。

"青海湖"号综合补给舰满载排水量近40 000吨。其补给门架相对第一代国产门架扩大了很多，可以在一个门架上

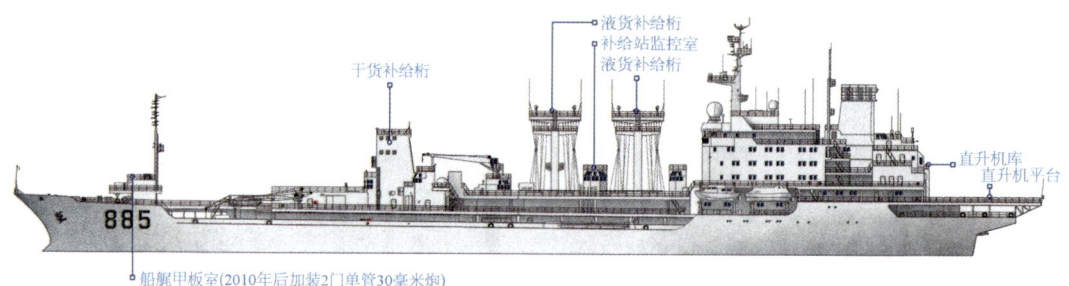

> 图102 "青海湖"号综合补给舰布置详图

> 图103 作筒式张力补偿装置极大地提高了"青海湖"号的补给效率和环境适应力

同时实现多个通道的补给作业，补给效率相对就提高了很多。同时，由于采用了"作筒式张力补偿装置"，可根据补给舰船与接收舰船之间的钢索拉力在风浪中的变化，适时调节钢索的张力，使钢索受力保持恒定，弥补了中国第一代大型综合补给舰不适于高海况补给的不足。

除了以上补给效率高、环境适应性好等优点外，"青海湖"号综合补给舰还具有舰体个头大、装载货物多、航行距离远（续航力大）等特点。

> 图104　侧面看呈"T"形的补给门架依次罗列

> 图105　主吊车可进行大型货物吊运

> 图106　"青海湖"号综合补给舰上的油料补给装置

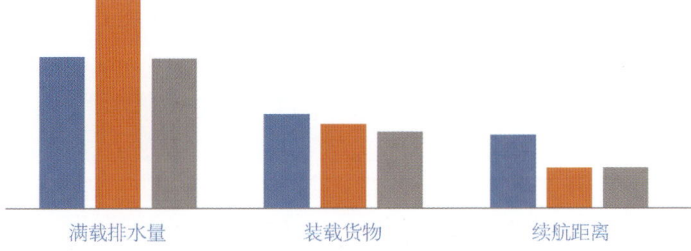

> 图107　补给舰中"大块头"们大比拼

> 图108 "青海湖"号综合补给舰正在给其他舰船补给

"青海湖"号综合补给舰作为中国第二代大型综合补给舰,自服役以来掀开了人民海军出访交流崭新的篇章,曾代表中国实现了首访美洲、首访大洋洲、首访非洲、首访关岛等多次出访任务,展示了人民海军的形象,加深了中国与访问国双方的友谊!

当然,"青海湖"号综合补给舰也有其致命的缺点:一是航速低,比中国第一代综合补给舰福清级还略低;二是补给门架的布置次序是干货在前、液货在后,这与中国现役舰船的接收装置布置次序刚好相反,导致其实用性不强。因此,在"青岛湖"号综合补给舰服役并经过大量试验后,中国就开始研制第三代大型综合补给舰。

小贴士

创造了多个"首次"的"洪泽湖"号综合补给舰

"洪泽湖"号综合补给舰除了是完成首次环球航行的中国综合补给舰外,还创造了众多个首次,一起来数数吧!

2004年3月,参加中法海军首次海上联合演习;

2004年6月,参加中英海军首次非传统安全领域联合演习;

2004年10月,参加中澳海军首次联合演习;

2006年9月,在美国圣迭戈港西北海区,参加了中美海军海上联合搜救演习,掀开了中美海军交往史上崭新的一页;

2007年10月,在太平洋塔斯曼海,参加了中澳新三国舰艇的首次海上联合演习。

第2章 海上"浮动基地"——补给舰

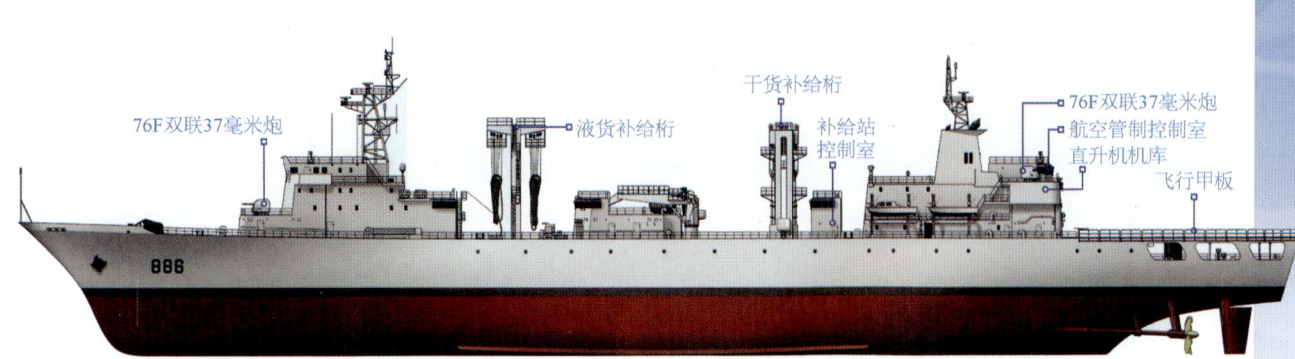

> 图109 第三代大型综合补给舰

 **第三代大型综合补给舰**

进入21世纪后,为了支援派往索马里海域的护航编队,中国需要建造更多、更先进的大型综合补给舰。

中国第三代大型综合补给舰是人民海军第一级具备夜间航行补给能力的补给舰,也是人民海军目前数量最多的综合补给舰,分别是"千岛湖"号、"微山湖"号、"太湖"号、"巢湖"号、"东平湖"号、"洪泽湖"号、"骆马湖"号、"高邮湖"号综合补给舰,号称"八大金刚"。人民海军综合补给舰的造舰进入了"下饺子"的时代!

小贴士

"青海湖"号综合补给舰首访美洲

1997年2月20日,由人民海军"哈尔滨"号导弹驱逐舰、"珠海"号导弹驱逐舰和"青海湖"号综合补给舰组成的编队历时近100天、航程2亿多海里,跨越太平洋,对美国等四国五港进行首次友好访问。无论是编队规模、访问时间,还是路线行程,在当时都是空前的。

此次航行,是人民海军军舰第一次到达美国本土和美洲大陆。所到之处,受到了华人华侨的热烈欢迎。编队到达美国加州时,当地华侨团甚至组织了千人盛大宴会,以极高的规格欢迎人民海军官兵。大家争相上舰参观,仅中国驻洛杉矶总领事馆一天之内就发出了几千人的登舰通行证。

"千岛湖"号	"微山湖"号
"太湖"号	"巢湖"号
"东平湖"号	"高邮湖"号
"洪湖"号	"骆马湖"号

> 图110 中国第三代大型综合补给舰的"八大金刚"

第三代综合补给舰满载排水量20 000余吨。作为人民海军新型大型综合补给舰，该级舰在许多方面相较于第一代和第二代综合补给舰均有较大提高和改进：其尺寸规模比中国第一代综合补给舰有较大提高，补给设备也有大量改进，可通过横向、纵向、垂直和靠帮等方式实施补给作业，具备两舷（左横向+右横向）、三向（左横向+右横向+后纵向）或四种（左横向+右横向+后纵向+垂直）同时补给能力；其航速较中国第二代综合补给舰"青海湖"号有所提高，可以执行一般舰队的伴随补给行动。

特别值得关注的是，"青海湖"号综合补给舰上的补给门架是在缺乏外方支持的情况下，由中国自行设计，并完全匹配引进的俄罗斯补给装置，而且其结构比原进口门架更加轻巧、紧凑，布置顺序也改为中国常见的液货在前、干货在后的方式。

亚丁湾护航的"明星舰"——"微山湖"号综合补给舰

"微山湖"号综合补给舰是中国当时自行设计建造的最大的综合补给舰，主要用于远洋补给，是执行亚丁湾护航任务最多的补给舰。

"微山湖"号综合补给舰自2004年4月正式服役，至2016年4月，总航程30多万海里，航迹遍及三大洋，先后出访亚、非、欧三大洲20多个国家，圆满完成7批次亚丁湾护航任务，护航总时间达1 200多天，创造了人民海军舰艇护航商船最多、累计护航航程最远、海上补给次数最多、补给物资量最大等20多项纪录，是亚丁湾护航的"明星舰"。

特别是在第19批护航任务中，该舰首次直接进入交战区港口组织撤离中外公民，为提升中国国际地位、维护国家海外利益、展示我军综合实力做出了突出贡献。

由于表现卓越，"微山湖"号综合补给舰荣誉满身。该舰先后被国际组织授予"航运和人类特别服务奖"，被上级单位表彰为"护航先进单位""先进舰连标兵"，荣立集体一等功1次、二等功2次。

> 图111 "微山湖"号综合补给舰

中国首次参加"环太平洋"军事演习的补给舰——"千岛湖"号

环太平洋军事演习是由美国第三舰队倡议提出的国际上规模最大的多国海上联合军演。军演从1971年开始,苏联解体前一年举行一次,苏联解体后两年进行一次。目的是为了保障太平洋沿岸国家海上通道的安全及联合反恐。

受美方邀请,中国参加了2014环太平洋军演,这是人民海军首次参加环太平洋军事演习。中国参演的编队由"岳阳"号护卫舰、"海口"号导弹驱逐舰、"千岛湖"号综合补给舰和"和平方舟"号医院船四艘海军舰艇组成。

> 图112 "千岛湖"号综合补给舰

> 图113 远航归来的"千岛湖"号综合补给舰

恶劣海况下的定海神针——"巢湖"号综合补给舰

"巢湖"号综合补给舰属于中国第三代改进型综合补给舰,可进行航行横向、航行纵向、垂直、锚(漂)泊四种补给,具有补给速度快、装备适配性高、海况适应能力强等特点。

与第二代远洋综合补给舰相比,"巢湖"号综合补给舰的补给装备配置与国际进一步接轨,可在海上实施各种干、液货航行横向接收。另外,为更好地满足远洋任务需求,"巢湖"号综合补给舰还增设了一对目前国内最大的收放式减摇鳍,使该舰适应高海况的能力比上一代舰船更强。

> 图114 "巢湖"号综合补给舰(一)

> 图115 "巢湖"号综合补给舰(二)

第四代大型综合补给舰首舰
——"呼伦湖"号大型高速补给舰

2012年9月，随着中国"辽宁"号航母的正式入列，建造与航母战斗群相配套的大型综合补给舰便是当务之急，中国前三代大型补给舰的速度偏低，都无法跟上整个航母编队。因此，中国必须建造更先进的、与航母配套的第四代大型综合补给舰，于是中国版的快速战斗支援舰、"航空母舰奶妈"——"呼伦湖"号大型高速补给舰就在众人的热烈期盼中隆重登场了。

2017年9月1日，中国第四代大型综合补给舰首舰——"呼伦湖"号正式入列。"呼伦湖"号大型高速补给舰是中国自主研制的具有世界先进水平的新型综合补给舰，也是人民海军第一型专门保障航母编队的大型高速综合补给舰。

"呼伦湖"号大型高速补给舰作为航母的"超级奶妈"，"呼伦湖"号大型高速补给舰有哪些特点和本领呢？

一是"大"，即装载量更大，且更加合理、均衡。"呼伦湖"号大型高速补给舰满载排水量几万吨，是中国除航母之外目前排水量最大的舰船。由于吨位大，仓储容积也很大，使其可以携带更多的油料、弹药、食品、备品备件等后勤保障物资。

二是"快"，即航速更快，可对航母编队实现伴随补给。"呼伦湖"号大型高速补给舰采用了大功率的燃气轮机，动力十分强劲，航速超过此前批量建造的第三代综合补给舰的航速，能够轻松跟上航空母舰编队的行进速度。

三是"强"，即补给能力强，具体表现为补给站数量更多、补给速度更快。"呼伦湖"号大型高速补给舰配备了多个补给桁架，使该舰在航行横向、纵向和垂直补给能力上都有较大提高。

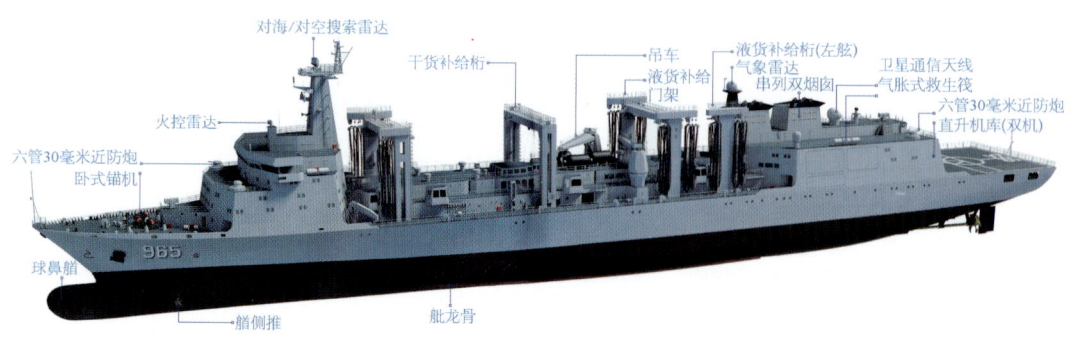

> 图116 "呼伦湖"号大型高速补给舰详图

"呼伦湖"号大型高速补给舰采用了新型海上补给系统，具备横向干货、横向液货和纵向液货补给功能，可自动调整索具和管线张紧程度，用于抵偿海上横向补给时两舰船之间因波浪和航行等引起的距离变化，能够确保多条舰艇同时得到物资油料补充，满足防爆、防静电、防低温、防潮湿"四防"要求。这套海上补给系统是人民海军新型综合补给舰的核心装备，技术设计难、加工难度大、研制成本高。目前，只有少数几个国家掌握了这样全套的海上综合补给技术。

> 图117 "呼伦湖"号大型高速补给舰入列交付

> 图118 "呼伦湖"号大型高速补给舰为071型船坞登陆舰进行横向补给

| 支援舰

中国独有的岛礁补给舰

中国岛礁通常地处祖国版图边缘，而岛礁补给舰作为岛礁与岛礁、岛礁与陆地相连的重要纽带，地位与作用非常重要。

人民海军早期的岛礁由于缺乏码头等设施，因此通常由各型登陆舰临时兼顾岛礁补给任务。随着沿海各地岛礁专用码头的逐渐完工，以及西沙、南沙岛礁设施的逐渐完善，登陆舰由于缺乏专用货物吊运设施，已经不再适于承担这些岛礁的补给任务。为此，人民海军研制了"洞庭湖"号、"镜泊湖"号、"抚仙湖"号、"军山湖"号、"泸沽湖"号岛礁补给舰共两代五艘专用岛礁补给舰。

> 图119 "洞庭湖"号岛礁补给舰

第一代岛礁补给舰

第一代岛礁补给舰的排水量为6 100吨。该级舰与综合补给舰不同,不具备横向补给能力,但通过吊艇架收放浅吃水的岛礁补给艇为靠泊条件差的岛礁进行补给,当然也可实现纵向补给或靠帮补给。

该级舰有"洞庭湖"号、"镜泊湖"号岛礁补给舰。服役20余年来,这两艘元老级的岛礁补给舰为人民海军南海守礁部队提供了极大的支持。

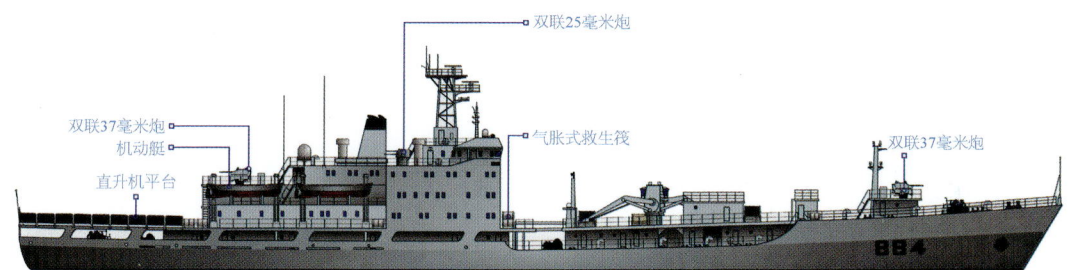

> 图120 第一代岛礁补给舰详图

> 图121 补给小艇装满物资到达岛礁

> 图122 "洞庭湖"号岛礁补给舰

> 图123 "镜泊湖"号岛礁补给舰

第二代岛礁补给舰

由于南海海区常年风浪较大,在使用工作艇对高脚屋进行补给时,收放艇工作难度很大,难以进行安全快捷的补给。为此,中国专门研制了第二代岛礁补给舰。

该级舰主要有"抚仙湖"号、"军山湖"号、"泸沽湖"号岛礁补给舰。这些岛礁补给舰的投入使用极大地提高了中国守礁部队的坚守能力,使中国在南海的主权得到了更强有力的维护,可以说就是中国南海岛礁补给的"三勇士"!

与第一代岛礁补给舰相比,第二代岛礁补给舰最主要的改进是在舰体中部配置了4个高海况工作艇收放门架。该型门架采用了先进控制技术,设置了垂向波浪补偿装置,可以实现在高海况下收放重达10吨的工作艇。

因此,除了台风等特别恶劣的气候影响之外,基本可以保证在大部分时间内对岛礁进行补给。

> 图124　第二代岛礁补给舰详图

> 图125　第二代岛礁补给舰首舰——"抚仙湖"号综合补给舰

第2章 海上"浮动基地"——补给舰

> 图126 "军山湖"号岛礁补给舰

> 图127 "泸沽湖"号岛礁补给舰

> 图128 "抚仙湖"号综合补给舰

助力亚丁湾、索马里护航

亚丁湾是古往今来名副其实的国际黄金水道，但曾几何时由于海盗的猖獗，变成了"恐怖之海"！为了恢复国际黄金水道往日的繁华与安宁，在联合国安理会的支持下，一个神圣使命——亚丁湾、索马里护航成了人民海军的历史担当。

2008年12月26日，由"海口"号驱逐舰、"武汉"号驱逐舰与"微山湖"号综合补给舰组成的人民海军首批亚丁湾、索马里护航舰艇编队从三亚鸣笛启航，开启了至今已经持续了10年的亚丁湾远洋护航历程！

护航10年，守卫10年，安宁10年！为了这份安宁，截至2018年12月，人民海军先后派出31批护航编队、100艘次舰艇、67架舰载直升机、26 000余名官兵执行护航任务1 198批次，安全护送了6 600余艘中外船舶，成功解救、接护和救助了70余艘遇险中外船舶，抓捕了多名海盗，确保了被护船舶和编队自身绝对安全。

护航10年，31批护航编队，每次编队远航都少不了综合补给舰的身影，它们劈波斩浪、驰骋大洋，是人民海军远航最坚强的海上"浮动基地"。正因为有了这些海上"浮动基地"的支援保障，我们的人民海军才能在远离祖国怀抱的情况下顺利完成也门撤侨、马航失联客机搜救等一项项艰巨任务，向世界展示了我国人民海军威武之师、文明之师、和平之师的良好形象！

> 图129 护航舰队官兵向祖国招手

表8 补给舰参加历次亚丁湾、索马里护航

批次	补给舰	出发地点	起止时间
1	"微山湖"号综合补给舰	三亚	2008.12.26—2009.4.28
2	"微山湖"号综合补给舰	湛江	2009.4.2—2009.8.21
3	"千岛湖"号综合补给舰	舟山	2009.7.16—2009.12.20
4	"千岛湖"号综合补给舰	舟山	2009.10.30—2010.4.23
5	"微山湖"号综合补给舰	三亚	2010.3.4—2010.9.12
6	"微山湖"号综合补给舰	湛江	2010.6.30—2011.1.7
7	"千岛湖"号综合补给舰	舟山	2010.11.2—2011.5.9
8	"千岛湖"号综合补给舰	舟山	2011.2.21—2011.8.28
9	"青海湖"号综合补给舰	湛江	2011.7.2—2011.12.24
10	"青海湖"号综合补给舰	湛江	2011.11.2—2012.5.5
11	"微山湖"号综合补给舰	青岛	2012.2.27—2012.9.13
12	"千岛湖"号综合补给舰	舟山	2012.7.3—2013.1.19
13	"青海湖"号综合补给舰	湛江	2012.11.2—2013.5.23
14	"微山湖"号综合补给舰	青岛	2013.2.16—2013.9.28
15	"太湖"号综合补给舰	湛江	2013.8.8—2014.1.23
16	"太湖"号综合补给舰	青岛	2013.11.30—2014.7.18
17	"巢湖"号综合补给舰	舟山	2014.3.24—2014.10.22
18	"巢湖"号综合补给舰	湛江	2014.8.1—2015.3.19
19	"微山湖"号综合补给舰	青岛	2014.12.2—2015.7.10
20	"千岛湖"号综合补给舰	舟山	2015.4.3—2016.2.5
21	"青海湖"号综合补给舰	三亚	2015.8.4—2016.3.8
22	"太湖"号综合补给舰	青岛	2015.12.6—2016.6.30
23	"巢湖"号综合补给舰	舟山	2016.4.7—2016.11.1
24	"东平湖"号综合补给舰	青岛	2016.8.10—2017.3.8
25	"洪湖"号综合补给舰	湛江	2016.12.17—2017.7.12
26	"高邮湖"号综合补给舰	舟山	2017.4.1—2017.12.1
27	"青海湖"号综合补给舰	三亚	2017.8.1—2018.3.18
28	"太湖"号综合补给舰	青岛	2017.12.3—2018.8.9
29	"千岛湖"号综合补给舰	舟山	2018.4.4—2018.10.4
30	"东平湖"号综合补给舰	青岛	2018.8.6—2019.1.27
31	"骆马湖"号综合补给舰	湛江	2018.12.9—

国外补给舰

> 图130 威奇塔级综合补给舰

第二次世界大战期间,美海军舰队远离固定基地活动,产生了把后勤补给舰队送去作战区的想法,于是各国海军设计了一系列各种形式的补给舰。但那时所用的补给舰大多由商船改装,后期造了一些新补给舰,但航速都很低,一般为12节,补给品传送效率也很低。

第二次世界大战以后,各国发现原有的舰队航行补给技术和能力不能适应现代化战争的发展需要,因此必须尽量缩短航行补给的时间,尽量少影响舰船的战斗活动,所以各国海军发展了高速航行补给,很多国家使用了快速自动搬运装置和直升机补给。

近年来,为了适应军舰航行中补给的需要,许多国家建造了一些几万吨级的多种物品补给的补给舰,航速也提高到20节以上。

> 图131 亨利·凯泽级补给油船

美国

美国是当今综合国力最为雄厚的国家,美国海军也是目前唯一一支全球性的海军。美国海军航母编队作为海上航行的主要力量,通常采取的是分段接力式的三级海上补给模式:

"第1棒"即"管线船",它是以民船为主组成的补给船队,其职责是将后方基地的各种物资运送到前方基地;

"第2棒"即"穿梭船",如油水补给舰、弹药补给舰等专用补给舰,它们主要负责将燃料等补给物资从前方基地搬运到前沿阵地附近海域,为后退到指定位置的快速战斗支援舰或综合补给舰实施再补给;

"第3棒"即"岗位船",通常由快速战斗支援舰或综合补给舰担任,它们的职责是跟随航母编队实施伴随保障。

美国海军在20世纪60年代建造了4艘萨克拉门托级快速战斗支援舰;70年代建造了7艘威奇塔级综合补给舰;80年代建造了5艘大锡马隆级油船、18艘亨利·凯泽级油船;90年代又建造了4艘供应级快速战斗支援舰。

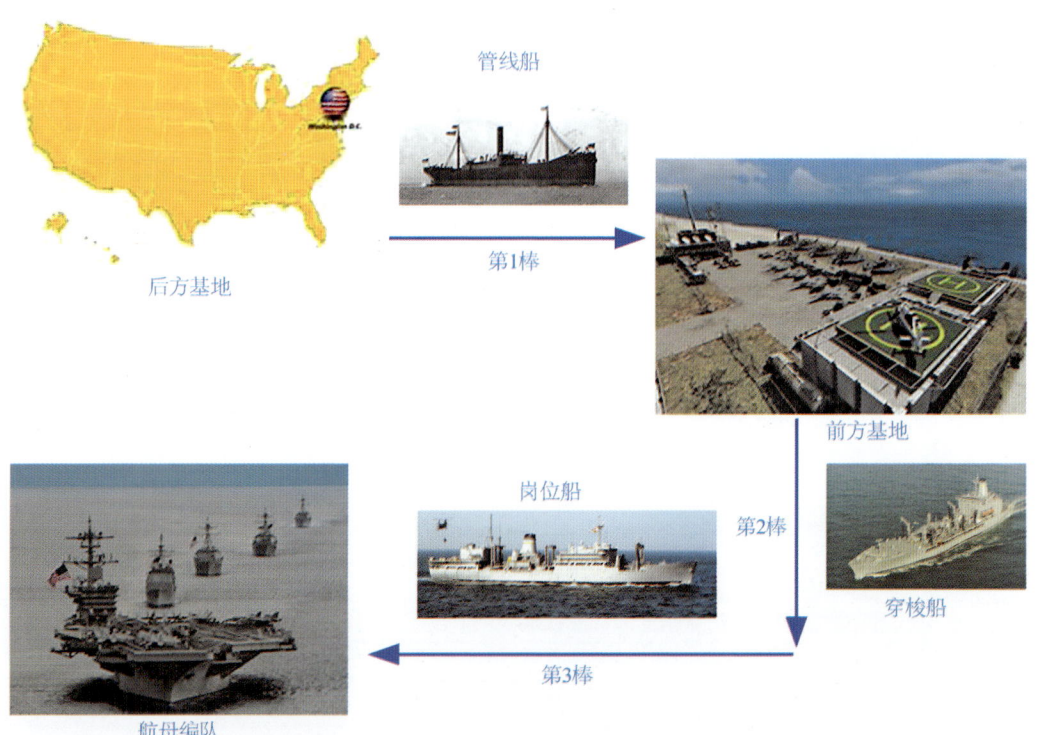

> 图132 美国航母编队分段接力式的三级海上补给模式

萨克拉门托级快速战斗支援舰

萨克拉门托级快速战斗支援舰满载排水量约53 000吨,最大航速26节。该级舰船总共建造4艘,首制船于1964年3月建成,1970年3月4艘船全部建成。其作战主要任务为航母特混舰队提供伴随补给,在该舰的保障下,其航母编队的续航力可提高约7 000海里,飞机作战持续时间可提高至15天左右。

萨克拉门托级快速战斗支援舰作为世界首级综合补给舰,也是美国代表性的大型综合补给舰,其特点可概括为两个"最"和两个"较":美国现今世界上载货量最大、航速最高的综合补给舰;

> 图133 萨克拉门托级快速战斗支援舰

> 图134 供应级快速战斗支援舰与"布什"号核动力航母并肩航行

美国补给舰中综合补给能力较强、自卫能力较强的补给舰。

目前萨克拉门托级快速战斗支援舰已全部退役。

供应级快速战斗支援舰

供应级快速战斗支援舰是在萨克拉门托级的基础上改进建成的,最大航速仍为26节,满载排水量增加至约4.88万吨,可携带约2.2万吨物资。该级舰共建造4艘,首舰"供应"号于1994年2月建成服役,其他三艘分别为"雷尼尔"号、"北极"号、"桥"号快速战斗支援舰,均于1998年8月建成服役。该级舰建成后,已逐渐填补了萨克拉门托级快速战斗支援舰退役后的空缺。

> 图135 "雷尼尔"号快速战斗支援舰

该级同型四艘补给舰作为美国海军现役最先进的补给舰，具有以下三个特点：一是综合补给能力强；二是补给效率高；三是自卫能力较强。

作为萨克拉门托级快速战斗支援舰的"接班人"，供应级快速战斗支援舰在保留了"前任"许多优良性能的基础上，又有了部分改进和提高，可谓是"青出于蓝而胜于蓝"。

> 图136 "北极"号快速战斗支援舰

> 图137 "桥"号快速战斗支援舰

表9 萨克拉门托级 VS 供应级

项目	萨克拉门托级	供应级	PK结果
载货量	17.7万桶燃油、2 150吨弹药、250吨冷藏品、500吨干货	15.6万桶燃油、1 800吨弹药、400吨冷冻品、250吨军需品、2万加仑淡水	萨克拉门托级略胜，但不足之处是没有淡水供应能力
航速	26节	26节	旗鼓相当，均为世界航速最快
补给能力	共15个补给装置、8套接受站	共14个补给装置、4套接受站	旗鼓相当，补给能力均较强
自卫能力	装配有2座"密集阵"近程武器系统、1座8联装"海麻雀"舰空导弹发射装置	装有2座"密集阵"近程武器系统、2门25毫米防空火炮和1座8联装"海麻雀"舰空导弹发射装置	供应级略胜，防空能力有了较大提高

T-AKE级干货/弹药补给舰

由于大型高速补给舰需要大功率的动力装置以获得高航速，即使美国海军也无法负担大批量快速支援舰建造、使用及维护的高昂费用，于是T-AKE级干货/弹药补给舰应运而生。其使命任务是从港口或者海上的商船上补充物资，源源不断地为海军提供弹药、零件和必需品（干货或冷冻货物）。如果任务需要，它将与一艘油轮配合，作为一艘萨克拉门托级快速战斗支援舰的半替代品，抑或是扮演供应级快速战斗支援舰的后勤补给舰的角色。

T-AKE级干货/弹药补给舰满载排水量41 000吨，最大航速20节，续航力14 000海里/20节，是按照商业标准建造的，未设置武器装备，具有较强的实用性。全舰可装载6 675吨干货和弹药、3 242吨燃油、200吨淡水。首舰"刘易斯和克拉克"号于2003年9月开始建造，2005年交付使用。

> 图138 T-AKE级干货/弹药补给舰

日本

长期以来，日本十分重视对海军的发展。特别是在二战后的50多年里，日本海上自卫队的战略思想逐渐由"近海防御"转变为"远洋积极防御"。在这个战略思想转变的调整下，日本海上自卫队在大力发展潜艇、大型水面舰船的同时，也在积极投入对补给舰等海军支援舰船的建设。

日本补给舰的发展历程是从单一的油水补给舰到综合补给舰。其建造的补给舰主要有三代：相模级、十和田级和摩周级补给舰。

摩周级补给舰装载量大、动力系统强劲、航速高，可以配合航母战斗群和远洋海军编队高速航行，实行伴随补给，是未来日本海上自卫队新型机动舰队的重要组成部分。摩周级补给舰被美国海军定位为快速战斗支援舰，与美国萨克拉门托级、供应级一样，是世界上仅有的几型快速战斗支援舰。

表10 日本三代补给舰大展示

项目	相模级补给舰	十和田级补给舰	摩周级补给舰
总体情况	满载排水量1.16万吨；最大航速22节；续航力9 500海里/8节	沿用母型船相模级的总体布局；满载排水量1.585万吨；最大航速22节；续航力11 000海里/18节	满载排水量3万吨，最大航速24节，续航力7 500海里/22节或10 000海里/18节
载货量	可搭载5 000吨干、液货	可搭载7 600吨干、液货	总共可以装载各种补给品近16 000吨，是十和田级的2倍多
补给能力	共6个横向补给站：2个干货补给站、4个液货补给站	共6个横向补给站：2个干货补给站、4个液货补给站	舰桥前有3座巨大的补给门架，每个门架左右各有2个补给站；中部的补给站负责干货补给，前后两座补给站负责液货补给
其他	—	舰内设有较完善的医疗设施，以满足编队长期在外海活动所需的医疗保障	舰桥前可以放置数十个标准弹药箱或医疗品舱集装箱

> 图139 十和田级"常磐"号补给舰

> 图140 摩周级补给舰

英国

英国海军曾经是世界上最强大的全球性的海军，但自近代以来特别是第二次世界大战以后，英国海军的规模逐渐缩减，衰退成了区域性的海军。然而，经过1982年的马岛海战，英国积累了丰富的大规模现代海上作战经验。万里奔袭的胜利成果让英国亲身感受到了补给舰在现代海战，尤其是远洋作战中的重要作用，这些宝贵的经验促使英国在战后的补给舰建造方面投入了相当大的力量，建造了一大批专用补给船，其中比较典型的补给舰有维多利亚堡级综合补给舰、海浪级补给舰及潮汐级补给舰。

维多利亚堡级综合补给舰

维多利亚堡级综合补给舰是英国海军首级综合补给舰。在此之前，英国海军只有燃油、弹药、食品等专用补给船，鉴于马岛海战的经验，专项补给在战事中效率不高，采取综合补给可大大提高补给效率。为此，1984年英国海军决定建造维多利亚堡级综合补给舰。该级舰原计划建造6艘，但因经费不足，现只建成2艘。

> 图141 维多利亚堡级综合补给舰

维多利亚堡级综合补给舰满载排水量36 580吨，最大航速20节，续航力10 000海里/18节。

作为英国首艘，也是唯一的一型综合补给舰，该舰主要特点是：

（1）载货量较多、综合补给能力强。全舰可装载液货、干货两类补给品，其中液货有12 505立方米，干货有6 234立方米。

（2）补给能力强、补给方式多样。全舰既有横向补给、纵向补给，也可进行垂直补给。

（3）自卫能力较强。该舰设2座"密集阵"近程武器系统和2门30毫米舰炮。

（4）一舰多用，多功能。该舰除担负海上补给外，还具有自然灾害救援、反水雷战支援及登陆作战支援等使命，并进行沿海作战支援。

海浪级补给舰

海浪级补给舰是英国海军支援舰中非常年轻的成员，可进行油料、弹药、食品、淡水等补给。现役2艘，都是在2003年建成服役。

海浪级补给舰满载排水量3.15万吨，最高航速18节。全舰可装载航空燃料2 445吨、淡水380吨、滑油120吨、冷冻/干货500立方米等。

> 图142 海浪级补给舰在给舰艇补给中

潮汐级补给舰

潮汐级补给舰是英国为航母编队打造的大型综合补给舰。该舰满载排水量为3.7万吨,最大航速26.8节。该型补给舰共建造4艘,于2018年全部建成并相继投入使用。

> 图143 潮汐级补给舰首舰"春潮"号

> 图144 迪朗斯河级综合补给舰

法国

法国海军补给舰主要是迪朗斯河级综合补给舰,其主要使命任务是为海军特混舰队进行航行补给。该型补给舰共建造5艘,首制舰于1980年11月建成服役,其他舰船于1990年建成服役。

迪朗斯河级综合补给舰满载排水量1.79万吨,最大航速19节。舰上可携带燃油10 000吨、航空燃油500吨、淡水300吨、弹药150吨、食品170吨、备品50吨。全舰共设2个干液两用横向补给站、2个横向液货站及6套横向补给装置。武器系统方面配有2座"西北风"舰空导弹系统、3门30毫米舰炮和4挺12.7毫米机枪,搭载1架直升机。

因此,该级舰的特点是载货多、补给能力较强、补给方式多、对空自卫能力较强、可进行全天候作业,具备连续30天在海上执行任务而无须靠岸。

苏联/俄罗斯

冷战时期,苏联海军一度拥有规模空前庞大的补给舰队,为其走向大洋的海军水面舰艇和潜艇部队提供了有力的后勤保障。不过,苏联海军更热衷于发展功能相对独立的专用补给船,如鲍里斯·奇利津级补给油船及4艘杜布纳河级补给舰等。具备综合补给能力的综合补给舰仅建造了一型别列津河级。但在冷战结束后,这些曾经辉煌的后勤支援舰船便与曾经强大的苏维埃海军一同消失殆尽了。

别列津河级综合补给舰是俄罗斯海军建造的最大综合补给舰,满载排水量35 000吨,航速22节。其主要使命任务是为舰队提供海上航行补给、支援舰队活动,可运载燃油16 000吨、淡水500吨及干货2 000吨。

别列津河级综合补给舰不仅具有很强的补给能力,还具有较强的对空、反潜自卫能力。全舰共装备6个横向补给装置,艉部设有1个纵向补给站,还配有2架卡-25C直升机用于垂直补给。在防卫武器方面配有2门双管57毫米舰炮、4门六管30毫米舰炮、1座双联SA-N-4导弹发射装置及2座六管反潜火箭发射装置。

随着海军复兴的号角,俄海军在建造多型水面主战舰艇的同时,也不忘继续发展新型补给舰。俄海军新一代综合补给舰——帕申院士级综合补给舰的首舰于2014年开工建造。

帕申院士级综合补给舰的最大排水量12 000吨,全长130.15米,航速16节。全舰设有一个补给门架、舰载直升机起降平台,可"左右开弓"同时向两艘舰船进行液货补给和垂直补给。全舰可运载船用燃料油3 000吨、航空燃料500吨、柴油2 500吨、润滑油150吨、淡水1 000吨、粮食100吨、其他货物(如设备和备品)100吨等。

> 图145 鲍里斯·奇利津级补给油船

第2章 海上"浮动基地"——补给舰 | 109

> 图146 别列津河级综合补给舰

> 图147 帕申院士级综合补给舰

其他国家

除了前面提到的国家外,其他国家也根据本国需要建造了许多补给舰,如德国的柏林级补给舰、韩国的天池级补给舰等。

柏林级补给舰是德国海军目前吨位最大的军舰,现役有2艘("柏林"号、"法兰克福"号)。该级舰满载排水量24 240吨,最大航速20节,可进行武器弹药、燃料、水及食品等物资补给。另外,该舰还配备有医疗设施,可实施适当的医疗救护。

韩国天池级补给舰是韩国海军大型综合补给舰,现役有3艘。天池级补给舰满载排水量9 200吨,最大航速20节,可装载液态物资4 200吨及其他物品450吨。

> 图148 柏林级"柏林"号补给舰

> 图149 柏林级"法兰克福"号补给舰

第2章 海上"浮动基地"——补给舰

众所周知,现代的舰艇编队执行海上任务一般时间较长,长达几十天,甚至上百天,物资消耗量巨大,特别是如果作战4～5天,就需要进行较大规模的海上补给。因此,是否拥有高效、优质的海上补给舰艇是衡量编队是否真正具有海上持久作战和高度机动能力的重要标志之一。

可以预见,在未来的海战中,尤其是远洋编队作战,海上补给的地位将愈发重要,补给舰的需求也将有增无减,补给舰将在各国海军制订的发展战略中得到更大发展!

> 图150 天池级补给舰

第3章

海上"练武场"
——训练舰

2019年4月23日,正值中国人民海军成立70周年,一场盛大的海上阅兵活动在山东青岛隆重举行。这次阅兵活动共有32艘中国舰艇编成潜艇群、驱逐舰群、护卫舰群、登陆舰群、辅助舰群和航母群共6个舰群。另外,来自69个国家的海军代表团、13个国家的18艘舰艇远涉重洋,汇聚黄海,共贺中国海军70华诞。

在这次万众瞩目的阅兵活动中,在检阅海域担任检阅舰和观摩舰任务的分别是被军迷誉为航母编队"带刀护卫"的"西宁"号导弹驱逐舰和有着海军"人才母舰"之称的"戚继光"号训练舰。

对于导弹驱逐舰,那是威名远播、耳熟能详,享受这份荣耀理所应当,但对于一艘训练舰,它既不属于作战舰艇,又没有装备高、精、尖装备,为何也可以享受这份特殊的荣耀?它在我国海军舰艇序列中占有怎样的重要地位?带着这些疑问,让我们走近训练舰的世界,去窥探其中的瑰宝,领略训练舰的魅力!

19世纪初风帆训练舰

19世纪中叶蒸汽机训练舰

19世纪末专用训练舰

20世纪80年代现代训练舰

> 图151 训练舰的成长史

第3章 海上"练武场"——训练舰

磨砺海军军官成长的海上摇篮

训练舰有着悠久的发展历史，至今已有200年的历史，其发展大致可分为三个阶段。

19世纪初，随着西方国家海军学校的出现，训练舰也应运而生。早期的海军学校通常设立在训练舰上，如英国著名的不列颠海军学校、法国的布尔米克海军学校，以及日本最早的海军学校就分别建在"卓越"号、"博尔达"号、"观光"号训练舰上。只不过当时的训练舰主要是风帆训练舰，学员们"以训练舰为家"，其教育、训练和生活都在舰上进行。

19世纪中叶，随着工业革命的迅猛发展，蒸汽轮机、螺旋桨、旋转炮塔、鱼雷等大量新式的海军武器装备不断问世，使得军舰由木质风帆时代进入了铁甲蒸汽时代。原先那种以训练舰为海军学校，依靠海上现场体验来开展教学的教育方法已经不能很好地适应海军发展的需要，于是西方国家纷纷将海军学校从海上搬到了岸上。从此，各国海军学校学员们大部分时间是在岸上进行理论知识学习，小部分时间去训练舰上进行实际操作，以熟悉、体验海上生活。

中国第一艘专用训练舰

早在1870年，中国近代第一所海军学校——福州船政学堂就拥有了第一艘专用训练舰"建威"号。"建威"号训练舰是用德国舰船改装而成，长37.5米，排水量475吨，可容纳30名学员。"建威"号训练舰曾载着船政学堂驾驶班的第一届23名毕业学员北上至上海、天津、烟台、大连实习，并于1873年南下香港、新加坡、槟榔屿进行过远航训练，为培养我国近代海军人才发挥了重要作用。

> 图152 19世纪中叶的训练舰

训练设施和良好的生活条件,排水量通常在2 000～10 000吨、航速在20～25节、可容纳实习学员100～300人。

训练舰作为专供海军院校学员和其他海军官兵进行海上实习训练的专用舰船,也是海军院校学员认识海洋、了解海军、强化舰艇技能的重要平台,更是伴随各国海军军官磨砺成长的海上摇篮。

> 图153　人民海军军官摇篮——海军大连舰艇学院

19世纪末,以蒸汽机为主动力的专用训练舰开始出现,这些专门设计建造的训练舰不仅装备有鱼雷、舰炮等武备,还配有专门舱室供教学使用,可以说是现代海军训练舰的雏形。

20世纪80年代,为了进一步加强海军建设和加快海军人才培养,许多国家海军纷纷对原有训练舰进行更新换代,陆续建造了一批新型的现代训练舰,训练舰的整体水平得到了较大提升。与过去相比,现代训练舰一般使用蒸汽机、柴油机或联合动力,具有良好的耐波性、适航性和较长的续航力等,拥有完善的

海军大连舰艇学院

海军大连舰艇学院,隶属于中国人民解放军海军,是1949年11月22日毛泽东主席亲自批准成立的人民海军第一所正规高等军事学府,其目的是为了培养优秀的海军军官,建立一支强大的海军。至今,该学院已为人民海军培养了几万名军政指挥军官和工程技术军官,几百人成长为将军,培养了80%以上的现役水面舰艇舰长,被誉为"海军军官摇篮"。在大连舰艇学院设有我国唯一的训练舰支队,训练舰支队拥有"郑和"号、"世昌"号等多艘大型专业训练舰船。

第3章 海上"练武场"——训练舰

各成体系、各有特点
训练舰的分类

训练舰自诞生以来,经过了一个多世纪的发展,建造的种类多种多样,其分类方法也不尽相同,除了那些采用水面舰艇临时承担训练任务的兼用训练舰外,专用训练舰通常有3种分类方法:吨位、训练科目和专业、主动力装置。

"大块头"与"小个子"

大型远洋训练舰都是重量级的"大块头",其吨位一般都在千吨以上,有的甚至达到几千吨,与常见水面舰艇吨位相当,可以在全球各个海域进行远洋航行训练,典型的有中国的"戚继光"号训练舰、俄罗斯的斯莫尔尼级训练舰、巴西的"巴西"号训练舰等。

与大型远洋训练舰相比,近岸小型训练舰(艇)就是轻量级的"小个子",其吨位一般只有几十吨或数百吨,主要用于在近岸海域或者港内展开航渡和操纵训练,其典型代表有法国的紫藤级训练舰。

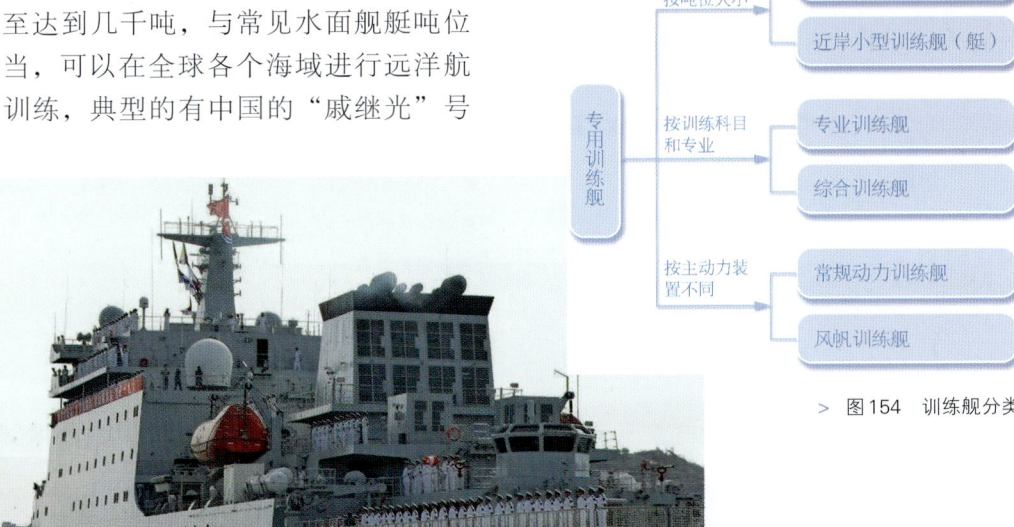

> 图154 训练舰分类

> 图155 "戚继光"号训练舰侧视图

"独门绝技"与"十八般武艺"

专业训练舰是以某项专业训练为主的训练舰艇,它们都是训练某一方面"独门绝技"的理想场所,如主要负责舰载直升机驾驶员训练为主的英国海军"百眼巨人"号航空训练舰,主要负责海上对空射击训练为主的日本海上自卫队"黑部"号训练支援舰等。

综合训练舰则与专业训练舰不同,通常装备有通信、航海等多种先进训练设施和器材,可以满足学员多种科目的培训,让学员掌握"十八般武艺",如中国的"戚继光"号训练舰、德国海军的"德意志"号训练舰等。

> 图156 "百眼巨人"号航空训练舰

第3章 海上"练武场"——训练舰

复古风帆与现代动力

风帆训练舰通常以风帆作为航行主要动力，以柴油机为辅助动力。现代风帆训练舰船体多为钢制，排水量已达千吨以上，通常设有3～4根桅，桅上装配各种帆具，风帆面积可达2 000多平方米。

> 图157 "埃斯梅拉达"号风帆训练舰

专业齐全、面向实战
训练舰的训练科目

训练舰一般隶属海军院校，如中国的第一艘训练舰"郑和"号和最先进的训练舰"戚继光"号都属于海军大连舰艇学院。正是有这些先进的训练舰艇作支撑，海军院校才能根据海军特殊的需要，为学员着力打造丰富的实践环节、设计贴切的培训内容。

因为舰艇航行与战斗通常与船艺、海洋地理、海洋水文气象、电子学和计算机技术等密切相关，因此在现代训练舰上，海军学员的训练科目一般包括航海、观通、机电、武器、船艺、医疗等几十个课目。

航海训练

在茫茫大海上，航海相当于军舰的指南针，关系到全舰的航行安全。对于航海人员来说，他们的任务是保证军舰"不迷路"，引领着舰艇沿着合适的航线航行，并安全、顺利地抵达目的地。

作为训练舰的学员，出海实习要掌握的基本技能就是航海技术，包括天文航海、地文航海、海洋水文气象、航海仪器设备操作等相关内容。

> 图158 训练舰上实习学员测定舰位、标绘海图

第3章 海上"练武场"——训练舰

> 图159 训练舰编队组织学员进行战斗航海作业等科目训练

天文航海训练的是学员通过观测天体就能进行舰船定位的技能。在这项训练内容中如何正确使用六分仪非常关键。尽管六分仪的使用在航海上已经有了200多年的历史，但至今它仍是国际海事组织和各国海军军官必须掌握的通用仪器。虽然目前舰船定位和导航可以借助北斗、GPS等卫星导航系统，但考虑到在海战中如果失去了这些先进的定位手段，使用六分仪等传统天文定位仪器就非常重要。

天文、气象是课堂上很难理解的知识，却是海航训练中最有真切感受的培训内容。"郑和"号训练舰有次出访正遇上强台风"梅花"造访，于是在训练舰甲板上，教员就分析了当时天气海况可能给出访编队带来的影响，适时为学员们上了一堂有关"如何利用气象条件保障航海安全"的生动实践课，让学员从简单的水文气象要素的观测、潮汐潮流的计算等，再到复杂的典型天气过程传

> 图160 六分仪

真图分析、天气状况图了解等，最后到独立掌握天气预报、制定保障航海措施等，学员在实践与理论结合中，一步一个脚印，不断提高。

小贴士

六分仪

六分仪是一种弧长约为圆周的六分之一，用于观察天体高度的反射镜类型的测角仪器。航海中常用它测量天体的高度及物标之间的夹角。由于六分仪能在摇摆的船舶上观测到较准确的数据，故该仪器虽然古老，但目前仍是一种主要的航海仪器。

观通与雷达训练

观通训练主要是指对海上和空中目标进行仔细观察,然后进行通信和转信的业务训练。通常,通过望远镜进行目力观察,以执行对海观察警戒任务,但因为目力观察受气象影响较大,且观察距离有限,所以不能完全满足对海观察警戒的要求,还需要配备雷达等一些更先进的设备。

> 图161 学员站在驾驶室舷窗前,大洋尽收眼底

第3章 海上"练武场"——训练舰

雷达观测距离远,可以说是舰艇的"千里眼"。学员通过观察舰艇航行海区内的船只等目标,及时报告给指挥员,为避碰等机动决策提供情报支持。尤其是在大雾天航行,能见度很差,更需要雷达穿透迷雾获得各种准确目标信息,为舰艇安全航行保驾护航。

因此,对于雷达训练,学员们就是要学会熟练地操纵雷达装备,掌握准确地分辨雷达上各种目标的技能,练就一双犀利的"火眼金睛"!

> 图162 雷达操纵培训

机电与武器训练

机电训练主要是对舰艇的心脏——动力装置及其他机电设备进行训练操作。

担负机电训练的学员需要在轰隆隆的发动机旁，在近百分贝的噪声和几十度的高温等恶劣环境下为军舰的心脏"把脉"，检查每一台设备是否运转正常；还要掌握每台设备的作用和使用方法，特别是要掌握操纵车舵的方法，学会如何熟练驾驭舰艇这一"海中蛟龙"在海洋中遨游。看着那些密密麻麻的仪表、按钮、操作杆，有没有一种"它认识你，你不是认识它"的感觉？瞬间感觉难度系数都满级了。

学员们需要通过舰上的种种实际操演，来熟知舰上的各种机电设备、任务安排和铃音信号等。只有这样，学员们才能自信地走上岗位，从事舰上的工作。

> 图163　操舵培训

武器是舰艇进行攻击和防卫的主要装备，因此开展常规武器装备的操作训练是舰艇实习学员训练的又一重要训练内容。

> 图164　训练舰上为学员讲解车钟驾驶

> 图165　信号值更士官带领学员学习信号识别训练

第3章 海上"练武场"——训练舰

> 图166 学员主炮操演

> 图167 操炮训练

中国训练舰的发展

中国训练舰的发展历程

中国海军建军初期，海军学员海上实习租借的是商船、渔船，实习范围仅限于狭窄的渤海湾。但从外国海军的经验和中国海军面临的挑战告诫我们：海军要想从近海走向远洋，必须拥有自己的训练舰。

因此，中国海军非常重视训练舰的发展和应用，并且已经积累了很多成熟的经验和技术。

近几十年，随着中国经济的持续发展，海军水面主力舰艇呈现出井喷式发展。特别是进入21世纪，现代化驱逐舰、护卫舰的批量快速列装，一方面提高了对海军水面舰艇军官及专业技术人员的能力要求，另一方面也促使了培训舰员陆地训练模式向海上训练的转变。

为了提高舰艇专业技术人员的岗位理论学习与独立上岗操作资格的适应性训练，海军所需远洋训练舰只的数量越来越多，建设与人民海军相适应的训练舰已成必然。

目前，人民海军现役的训练舰主要有"郑和"号训练舰、"世昌"号训练舰、"戚继光"号训练舰等。除了拥有这些大型训练舰以外，中国还建造有大量的护卫艇、舢板、帆船、拖船等辅助训练船艇，从而形成了一个舰种齐全、初具规模的现代化海上实习训练编队。

小贴士

中国训练舰舷号与命名规则

舰艇舷号是标志在舰艇两舷水线以上的编号，它与舰艇名称一起都是舰艇的重要标志，它们都由各国海军领导机关统一编定，用于确定舰艇在海军序列中的位置。

根据中国海军舰艇命名规则，中国训练舰的舷号由两位数字组成，如81、82、83等，用与航海相关的名人来命名，如郑和、邓世昌、戚继光等。"辽宁"号航母其舷号为16，其主要承担航母舰载机等的训练任务，属于专用训练平台。

中国军校第一舰——"郑和"号

在中国,提起"八一"这两个数字,很多人也许第一印象会想到建军节,但对于海军人员,通常还会想起一艘光荣的军舰——舷号为81的"郑和"号训练舰,它是中国自行设计建造的第一艘远洋航海训练舰。

"郑和"号训练舰一次可搭载教学员200多人。该舰建造于1984—1987年,以中国明代著名航海家郑和的名字命名,是中国自行设计建造的第一艘远洋航海训练舰,被誉为"中国军校第一舰"、人民海军军官的"摇篮"、"海上流动大学"。

该舰主要使命之一是为海军院校学员提供中、远海的航海训练。该舰除了配备有GPS和卫星导航仪等先进设备、火箭式深水炸弹发射装置、全自动火炮、直升机等武器系统外,还具有很多教学设施,可同时进行观通、航海、声呐、雷达、武器、机电、船艺、医疗等40多个课目的实习训练。目前人民海军舰艇部队现役指挥军官和技术军官中有2/3左右的人曾在该舰实习。

> 图168 中国航海家郑和

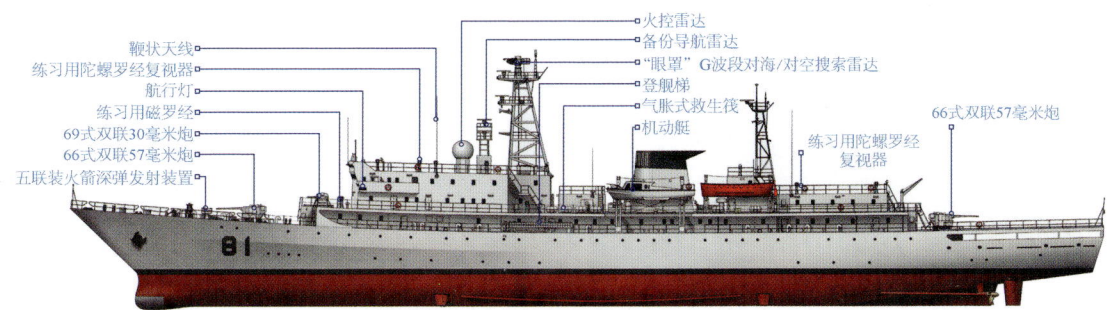

> 图169 "郑和"号训练舰详图

双管舰炮

重型直升机

反潜火箭式深水炸弹发射装置

> 图170 "郑和"号训练舰上搭载的武器系统

同时，该舰也承担了出国访问、应急保障等多种任务，是人民海军名副其实的出访"明星舰"和"外交大使"。2015年，鉴于"郑和"号训练舰的卓越功绩，海军郑重授予它"功勋训练舰"的荣誉称号。

自1987年4月27日正式服役以来，"郑和"号训练舰在30多年的时间里，已出色地完成了学员海上实习、出国访

小贴士

和谐使命——"郑和"号训练舰环球行

2012年4月16日，人民海军"郑和"号训练舰从大连旅顺港起航，开始执行"和谐使命——'郑和'号训练舰环球行"任务，整个航程计划航经印度洋、大西洋、太平洋，穿越苏伊士、巴拿马运河，通过马六甲海峡、直布罗陀海峡等世界主要海峡和水道，先后到访越南、马来西亚、印度、吉布提等14个国家和地区。

此次"和谐使命——'郑和'号训练舰环球行"任务是人民海军时隔10年后第二次组织环球航行（第一次环球航行是指2002年5月15日，由"青岛"号导弹驱逐舰和"太仓"号综合补给舰组成的人民海军舰艇编队，从青岛起航进行人民海军历史上的首次环球航行）。

经过158天，约3万海里的航程，"郑和"号训练舰顺利返抵大连旅顺港。

问、运送维和部队等各项任务，累计航程近50万千米，相当于绕地球10余圈，创造了海军单舰航程最远、在航率最高、出访国家和港口最多等多项纪录，并于2012年执行了单舰"环球访问"任务。

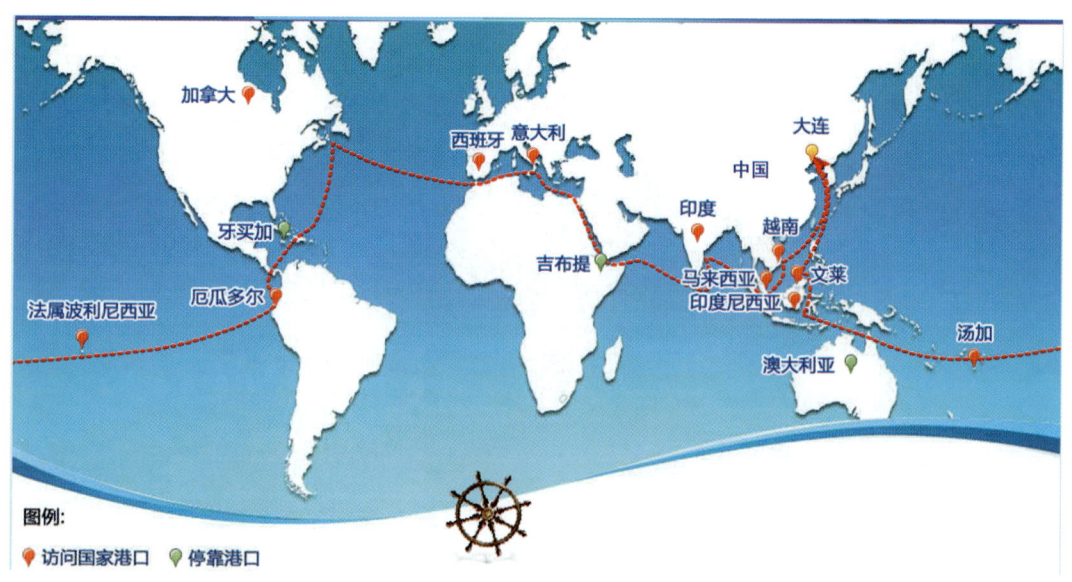

> 图171 "郑和"号训练舰环球航线示意图

> 图172 "郑和"号训练舰访问澳大利亚时经过悉尼海湾大桥

会"变形"的综合训练舰——"世昌"号

"世昌"号训练舰是为纪念民族英雄邓世昌而命名的,与"郑和"号训练舰是姊妹舰。该舰可搭载200名人员,于1996年12月28日服役。

"世昌"号训练舰是人民海军第一型航空训练舰,由于是战时改造民船的探索,一般也称"国防动员舰"。

一般对于军舰而言,如驱逐舰、巡洋舰,它们的作战用途通常都是"固定不变"的,但"世昌"号训练舰却不一样,它最大的特点就是可以随时根据作战使命而

> 图173 民族英雄邓世昌

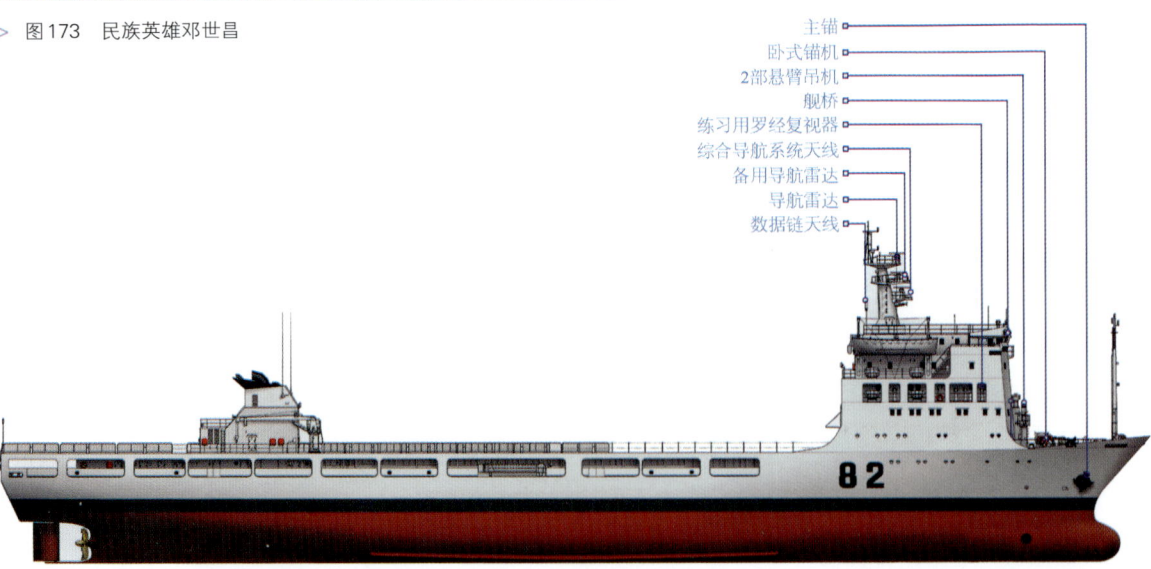

> 图174 "世昌"号训练舰详图

"改头换面",这就类似变形金刚。根据执行不同任务的不同需求,通过加装各种不同功能的集装箱模块,"世昌"号训练舰可以执行航海训练、医疗救护训练、直升机训练、国防动员演练、集装箱运输和综合使用六大使命任务。

集装箱模块就放在飞行甲板上,其中医疗模块主要由18个标准集装箱组成,直升机模块由13个标准集装箱组成。如果在"世昌"号训练舰上加装医疗模块后,该舰就瞬间变成了一家名副其实的"海上流动医院"。

> 图176 反潜直升机

> 图175 加装了医疗模块的"世昌"号训练舰

作为一艘临时医院船，"世昌"号训练舰先后配合军地医院完成了上百次海上卫勤演练任务，为战时全面动员国家医疗卫生力量参与海战场救护探索出了宝贵经验，被誉为信息化海战场卫生动员的"探路者"和"急先锋"。

"世昌"号训练舰自服役20多年以来，已保障院校学员海上实习、战区医疗救护演练及民兵海上拉动训练几万人次，航程几十万海里，是海军大型军舰中在航率最高的舰船之一。

> 图178　医护人员在船舱内进行手术

> 图177　损管分队进行灭火训练

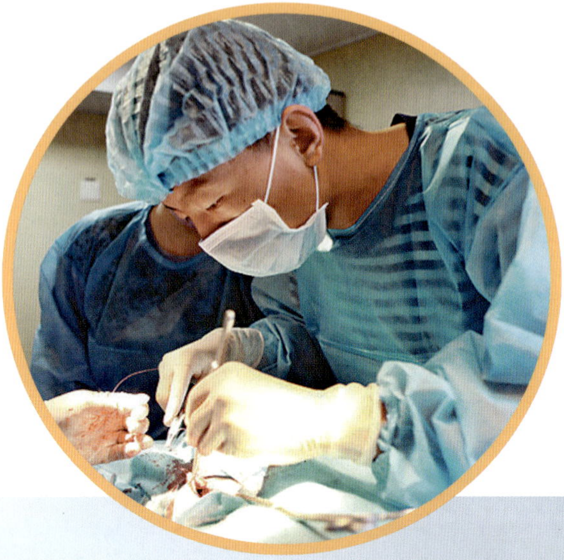

第3章 海上"练武场"——训练舰

中国最新的海上军官学院——"戚继光"号训练舰

"戚继光"号训练舰,舰名取自明代抗倭名将戚继光,可满足抗12级风要求,是中国自行设计建造的海军训练舰中吨位最大、现代化水平最高、功能最完备的专业训练舰。

> 图179 一代抗倭名将戚继光

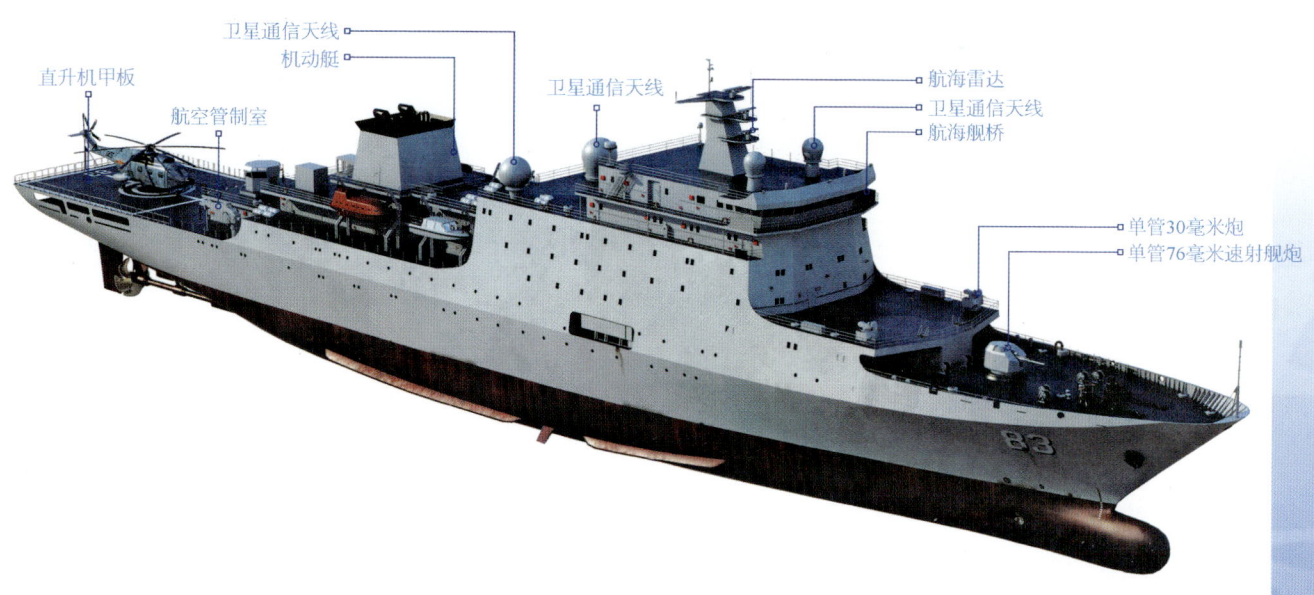

> 图180 "戚继光"号训练舰详图

支援舰

（1）训练设备现代化水平最高——解码"戚继光"训练舰的教学"神器"

"戚继光"号训练舰拥有多个教学训练舱室，包括海图作业室、机电专业模拟训练室、舰艇操纵模拟室等。在这些教学训练舱室中配备有多套由中国自主研发、达到世界先进水平的教学装备。下面就让我们来认识一下其中两件教学"神器"——驾控模拟训练舱、机电操控模拟系统。

> 图181 准备起航的"戚继光"号训练舰

驾控操控"神器":驾控模拟训练舱。以前的舰艇操纵实习,通常是在驾驶室手把手教。这种传统的教学方式一方面学员要排队,训练效率低;另一方面学员容易紧张,训练效果差。但在"戚继光"号训练舰中,通过采用驾控模拟训练舱中的驾控模拟系统开展舰艇操纵训练,可以使训练效率成倍提升。

驾控模拟训练舱是首次装备在国内训练舰上。该模拟训练舱内配置了驾驶室中的各种常见装备,学员们通过它们就可以身临其境地模拟操控舰艇。另外,该套系统还内置了数据库,用于模拟主要海区、码头的各种海上环境,以便供学员练习舰艇操纵,让学员有实景体验。

机电操控"神器":机电操控模拟系统。在"戚继光"号训练舰上不仅有先进的航海系统训练设备,还针对机电系统等教学实习中的重点、难点训练环节开发了一些教学神器,如机电操控模拟系统。

该系统安装在远离机舱的二甲板上,用近似于实装的模拟工作台,展现集控室、电站配电间等工作场景。

> 图183 海上武器训练　　　　> 图184 直升机训练

> 图182 航行中的"戚继光"号训练舰

（2）功能最完备——解析"戚继光"号训练舰的"多面手"任务能力

和"郑和"号训练舰一样，"戚继光"号训练舰也是一艘新的"海上流动大学"。但与"郑和"号训练舰不一样的是"戚继光"号训练舰的功能更加完备，是一名爱好广泛、潜力颇强的"多面手"。

多面手之一：舰载直升机的海上训练新平台。"戚继光"号训练舰的舰艉有一个完备的航空作业指挥室和一个直升机起降平台，这使得该舰可以轻松起降一架实装舰载直升机，具备了海上航空转运能力，可作为舰载直升机的海上训练新平台。

多面手之二：海外撤侨的"诺亚方舟"。随着中国海外利益的拓展，越来越多的国人走出国门。不过世界并不太平，很多地区华人华侨的生命和财产都可能面临动乱的威胁，海外撤侨任务日益突出。鉴于"戚继光"号训练舰满载排水量近万吨，舱室众多、续航力强，因此是海外撤侨理想的"诺亚方舟"。

多面手之三：小型的海上医院。"戚继光"号训练舰上配备了X线检查室、麻醉室、手术室等完善的医疗舱室和设备，不仅可以应对海上常见病的应急治疗，也可以施行常见的外科手术，可在海上灾难救护、海外医疗援助中发挥一定的作用。

由此可见，"戚继光"号训练舰不仅是外形威武的"超级偶像型"，更是功能完备的"多面超级实力派"。只要任务需要，它就可以在很多领域大显身手！

> 图185　参训学员正在进行分组训练

为中国训练舰无私奉献的人们

中国自古就有埋头苦干的人,更不缺乏无私奉献的人。在中国训练舰的发展史册上,就记录着这么一群默默无闻、无私奉献的科学工作者们,他们以一种"建功必定有我"的决心、"功成不必有我"的胸怀铸就了中国训练舰的辉煌。他们犹如漫天繁星,照耀着中国训练舰的星空。其中,"世昌"号训练舰总设计师、已故中国工程院院士张炳炎就是这中国训练舰星空中闪亮的一颗!

首倡国内民船动员改装设想

国防动员民船改装是世界各海洋国家历来都非常重视并不断加深研究的课题,因为这与一个国家的经济和国防建设息息相关,历次世界大战和现代局部战争均已充分证明:无论是海军强国还是弱国,战时民船动员改装是必不可少、非常重要且比较现实的一种做法。尤其是未来战争,对一个海军实力相对较弱的发展中国家,通过探索研究并确立符合国情的民船国防动员体系和具体动员改装途径等办法,从而全面系统、经济有效地解决军民结合、平战结合及海军后备力量建设等方面的一系列重大问题,这无疑具有十分重要的现实意义和长远战略意义。

1989年,在海军组织征文中,张炳炎提交了《民用船舶改直升机母舰的可行性及其在南沙斗争中的作用》一文,提出了模块化改装的论点,得到了海军相关部门的重视。1992年,国务院、中央军委批准国家计委、财政部、总参谋部《关于建造一艘直升机训练舰》的请求报告,决定尽快建造一艘具备多功能、模块化的训练舰,这就是后来被命名为"世昌"号的训练舰。该训练舰最终由七〇八所承担设计,七〇八所任命张炳炎为总设计师。

> 图186 "世昌"号训练舰总设计师张炳炎院士

主持设计"世昌"号训练舰

"世昌"号训练舰于1989年开始预研,1996年完成建造,1996年12月28日服役,是中国唯一一艘"平战结合"的国防动员训练舰。

由于国内没有先例,制约因素多且情况复杂多变,因此该舰总研制周期长。张炳炎作为总设计师,与工程研制的各方人员一起攻克难关,推进工程的设计、试验、试制,主要解决了限价设计、军民结合、平战结合等问题。

由于该舰研制具有很强的探索性,原本以船舶硬件为主、软课题"民船动员改装途径和办法的探索研究"为辅。随着工作的进展,逐步演变为软硬并举,以船舶和模块硬件的试验试制支撑软课题研究,开展了多次船线型主附体优化及阻力推进等试验。

经试航实测数据证明,各项指标均达到或超过了战术技术任务书等的要求,尤为突出的是该舰的快速性和操纵性。该舰的全速满舵回转直径试航测数为2.77~2.97倍船长,大大优于研制任务书规定的4倍船长。

该舰建造完成后,原求新造船厂和海军驻厂军代表室在该舰下水的简报中评价到:该舰是平战结合、多功能新型军辅船,它的下水标志着中国人民军队在"两个根本性转变"的新时期,创造出和平时期军辅船建造的一种新模式。

> 图187 张炳炎参加舰船试航

> 图188 一代舰船大师张炳炎

一片丹心为舰船

该舰自交付部队后，张炳炎还是非常关心舰的使用情况。尽管当时他已是年逾花甲的老人，又拥有令人羡慕的院士头衔，但为了掌握第一手材料，他还是喜欢亲自往舰上跑。

大连舰艇学院海军训练支队教练舰长王炜就是在82舰（"世昌"号训练舰）上结识张院士的。谈起张院士，王炜舰长满怀深情，深有感触："结识张院士是我们的荣幸，从接触中感到张院士为人豪爽、平易近人、和蔼可亲，对工作非常严谨，做事胆大心细。给我印象最深的是在接舰及82舰服役试航后，他来到82舰了解实际使用情况，深入到舰的各个战位，广泛听取舰员意见，了解该舰各个功能的发挥情况。"

令王炜舰长印象深刻的是张院士在舰上处理电磁兼容的问题。因为舰上有许多电子设备，互相之间产生干扰，张院士上舰后，听了舰上人员向他反映的这个问题，他仔细查看了各个部位情况，为了解决问题，他不顾自己年事已高，不辞辛劳地跑上跑下。"世昌"号训练舰最高层是罗经甲板，上下有九层高，年轻人上下跑两次已很吃力，何况是老同志……他认真的工作态度和严谨的工作作风十分令人感动。

> 图189 医疗救护演练紧急吊放

辛勤汗水浇灌成功之花

"世昌"号训练舰自服役以来,经多次长时间海上训练和远洋长距离连续航行考验,代表人民海军访问了澳大利亚、新西兰等国家,完成了大量学员的实习、卫勤演练、国防动员、集装箱运输和直升机训练任务。尤其在1998年夏天的抗洪抢险中,国家启动"世昌"号训练舰,组织陆上野战医院投入到嫩江抢险救灾第一线,共诊治1万余人次,发挥了抗洪救灾防疫生力军的作用。这是新中国成立以来第一次启动国民经济动员机制支援抗洪救灾,也是中国军地联合、陆海联合的第一次动员,受到了中央领导和社会各界的高度评价和赞扬。

因此,如果说"郑和"号训练舰的服役结束了人民海军院校无训练舰的历史,而"世昌"号训练舰的建成则拉开了中国平战结合国防动员舰的序幕。该舰于1999年荣获中国船舶工业总公司科学进步奖二等奖。

中国从没有训练舰,到如今拥有"郑和"号、"世昌"号、"戚继光"号等一大批世界先进的训练舰,一步一个脚印,一舰一个辉煌,这些除了得益于国家舰船技术水平的提高外,更要感谢那些为中国训练舰默默奉献的人们!

> 图190 "世昌"号训练舰

第3章 海上"练武场"——训练舰 141

国外典型训练舰

训练舰自19世纪初在英国诞生以来，逐渐受到世界各国普遍重视。与各国海军发展相适应，各国海军几乎都拥有数量不等、大小不一、性能各异的训练舰。

近几十年，专门建造训练舰的国家并不多，主要有中国、美国、法国、日本等，而大多数国家习惯用老旧舰艇作为训练舰。

美国"肯尼迪"号训练航母

"肯尼迪"号航母是小鹰级航母的第4艘，也是美国建造的最后一艘常规动力航母。该舰1968年入列，1995年进行改装后转入海军后备队，开始担任训练航母任务，是美国海军唯一一艘航母训练舰，主要用于训练航母舰载机飞行员，同时也可以进行部署，执行作战任务。

> 图191 美国"肯尼迪"号训练航母

美国

美国海军力量极其庞大，专门建造训练舰很不划算。考虑到建有数量众多的"宙斯盾"作战系统的战舰，美国最终选择在陆上造了一个驱逐舰陆上训练模拟器 USS Trayer（BST 21）以加强对官兵的训练。

美国驱逐舰陆上训练模拟器实际上是一个阿雷伯克级"宙斯盾"1∶1驱逐舰模拟，于2007年服役，全长30米。建造该模拟器的原因是源于"科尔"号驱逐舰事件。在2000年的"科尔"号驱逐舰事件中共造成了17人丧生，而且他们几乎都是水兵和初级军士。因此，美国海军在海军大湖训练基地建设了 USS Trayer 训练设施，可进行各种损管训练，模拟遭导弹打击，来提供士兵们所需要的训练。

美国驱逐舰陆上训练模拟器很著名，尽管它永远出不了海，但美国海军几乎所有的士兵都在上面待过。该模拟器的设计中大量采用好莱坞的特技效果和主题公园的声光技术，给人以身临其境的感觉和足够的感官刺激，从而评估在这个类似于真实的环境中每名参与者是否具备在险境中拯救战舰的能力。

另外，美军始终保持一艘航母充当舰载机训练舰。

因此，美军依靠上述系统训练宙斯盾舰水兵，依靠模拟器训练核潜艇水兵，依靠一艘航母训练舰载机飞行员。

> 图192　美国驱逐舰陆上训练模拟器 USS Trayer（BST 21）

第3章 海上"练武场"——训练舰

> 图193 驱逐舰陆上训练模拟器控制舱

> 图190 驱逐舰陆上训练模拟器控制舱

俄罗斯

俄罗斯继承了苏联的舰船,因此拥有数量可观的水面、水下舰艇,尽管由于多种原因,包括航母在内的多艘舰船下马、拆毁或者退役,但其训练舰仍保持着正常的航行。其中,吨位较大、训练设备较多、相对较新的一级便是斯莫尔尼级训练舰。

斯莫尔尼级训练舰共有3艘,其中首舰"斯莫尔尼"号(舷号200)于1976年完工并服役,1978年全部建成服役。

斯莫尔尼级训练舰满载排水量9 150吨,最大航速20节,人员编制150人,可培训350名实习学员。该舰在桥楼甲板之上共有3层,第1、2层为教学和生活区,第2层后部为训练航海导航用的教室。

> 图194 俄罗斯斯莫尔尼级训练舰

> 图195 斯莫尔尼级训练舰侧视图

第3章 海上"练武场"——训练舰 145

英国

"百眼巨人"号航空训练舰由滚装货船改装而成,既可作为航空训练舰,又可兼作医院船。该舰标准排水量1.8万吨,可搭载12架固定翼舰载机和6架反潜直升机。

"百眼巨人"号航空训练舰是世界上第一艘具有现代航母外形的舰船,由于其全通式甲板的特征而具有"熨斗""针线盒"的绰号。

"百眼巨人"号航空训练舰在二战初期的身份仍是训练舰,后因英国航母被接连击沉,"百眼巨人"号航空训练舰便被临时召回前线,重上战场。1946年时,"百眼巨人"号航空训练舰出售后被拆毁。

> 图196 "百眼巨人"号航空训练舰

德国

德国"德意志"号训练舰于1963年服役,原名"柏林"号,标准排水量5 450吨,最高航速21节,可容纳舰员263人、学员250人,是一艘可进行航海、枪炮、轮机等多科目训练的综合训练舰。

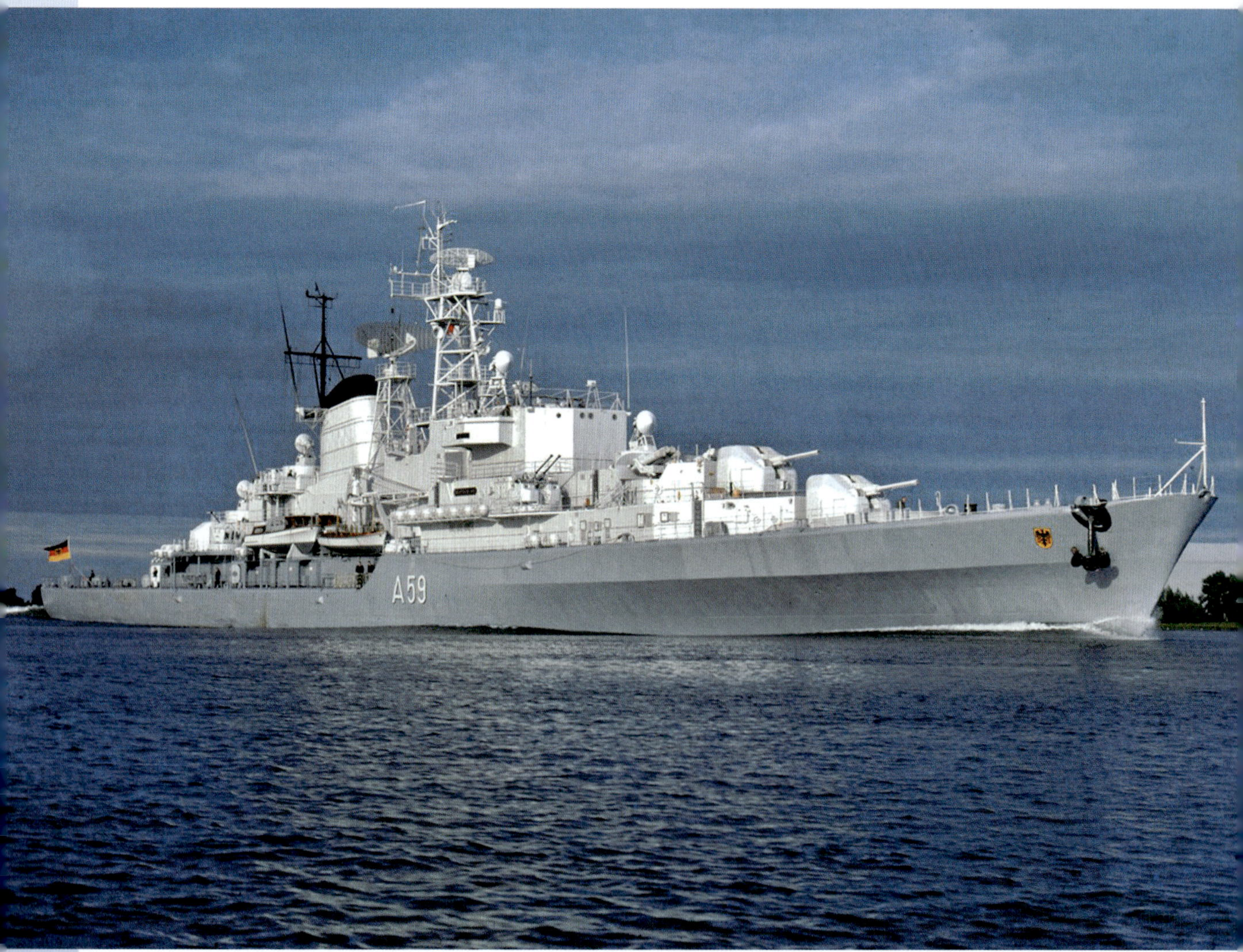

> 图197 "德意志"号训练舰

瑞典

该舰既是训练舰,也是布雷舰。尽管该舰最早是布雷舰,但其设计建造思想是平战结合,以平时为主。为此,该舰首先就是必须满足训练需要,特别是远航训练需要,可搭载136名受训学员,舰上设置有2个大教室,其次才是满足布雷需要。

"卡尔斯克鲁纳"号训练舰于1982年1月服役,满载排水量3 550吨、最大航速20节。该舰的武器装备不多,只有2门博福斯40毫米舰炮和3门博福斯57毫米舰炮。舰上建有直升机平台,可以根据任务情况搭载直升机。该舰的探测系统、指控系统性能卓越;电子战设备包括雷达侦察设备及2座飞利浦箔条发射器。

> 图198 "卡尔斯克鲁纳"号训练舰

日本

因为日本训练舰在培养合格的海军指挥技术人才方面具有独特作用，因此备受日本海上自卫队青睐。目前，日本装备的训练舰主要有峰云级驱逐舰改装的训练舰3艘、朝雾级训练舰2艘、鹿岛级训练舰4艘。其中鹿岛级训练舰最先进，被誉为"海上自卫队军官的海上摇篮"。

同其他大多数综合训练舰一样，鹿岛级训练舰编队航行训练也分为航海、武备、机电等多个科目，其值班部位分别在驾驶室、各武器指挥室、机电集控室和战斗情报中心，各组轮流进行科目训练。训练过程中，各组分成若干更次，在舰艇航行期间进行全程跟踪学习，每人平均两天值一次更。日本训练舰放手给学员独立进行有关操作，按舰艇岗位编制把学员成建制分组，从航行计划制定，到离靠码头和航行的全过程，都由学员独立完成，操纵舰员负责指导和保驾。

日本训练舰担负着基层军官技术培训、远航训练、海上战术及战法演练等诸多重任。为完成海上训练目标，按照"个人素质训练、技术战术训练、部门综合训练、舰艇操纵训练、合同基础训练、指挥领导能力训练"的模式组织学员海上实习训练。把适应性实习、舰上实习、海上实习、远洋实习结合起来，按学年、分班次安排实习内容，形成相互衔接配套的训练梯次。根据训练内容，确定训练时间的长短，一些专业课教学安排在训练舰上进行海上适应性训练和航海基本技能训练，重点进行各专业岗位的实际操纵训练，结合进行战术基础科目训练和实际岗位任职训练，增加武器装备作战使用、指挥操纵、编队运动对抗、应急处置等训练内容和科目。

▷ 图199 鹿岛级训练舰

第3章 海上"练武场"——训练舰 149

碧海扬帆

风帆训练舰

 海上勇士的挑战——风帆训练舰

风帆训练舰，顾名思义其主要动力来源于风，其关键设备是风帆。对于风帆训练舰，顺风而行自然容易，但现实航海中，并非总是"一帆风顺"，而更多的是遇到来自四面八方的风，粗略可分为顺风、逆风、横风、侧顺风及侧逆风。于是，通过使用风帆将风的能量转换为舰船前进的推动力就是风帆训练舰的关键所在。

那么，也许有人会问：海军都已走进现代化的铁甲战舰，为什么还有这么多国家包括老牌的海军强国，依然要建造或保留着风帆训练舰呢？这是因为通过驾驶风帆训练舰，学员们可以获得与大海零距离接触的机会，在大风大浪中人们不仅可以通过体验气象、潮汐、洋流、水文等集人船海于一体的全面认知，还能够获得观天象、识水文、打绳结、攀高桅等最原始、最基本的航行技能训练，真是洋气又复古！

> 图200 风帆训练舰

打绳结是海军舰艇上舰员们最常用的基本技能之一，如军舰在航行、补给或离靠码头时，通常会用到这项技术。通过长期的摸索和不断的总结，船员们形成了各种不同的打绳结方法。

从19世纪中叶，自英国皇家海军率先采用风帆训练舰来培训专业海员以来，尽管已经历过风帆动力、蒸汽机、内燃机和核动力等多次的动力系统"革命"，但风帆训练舰这个古老的舰种始终没有消亡。

通过搏击风浪、驰骋海洋的历练，可以促使官兵去感悟海洋、认识海洋、敬畏海洋和征服海洋，从而达到锤炼军人血性、培养同舟共济意识的目的。

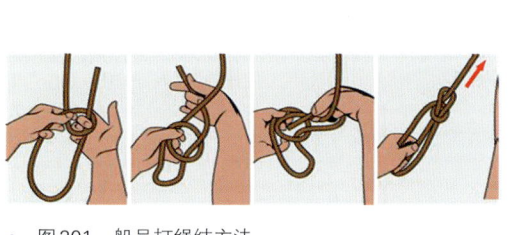

> 图201 船员打绳结方法

> 图203 船员攀高桅

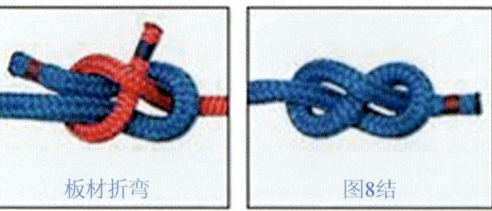
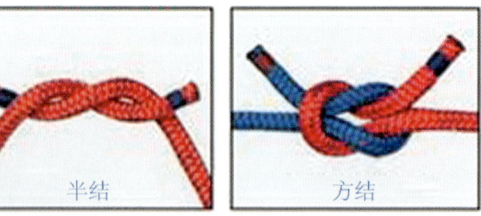
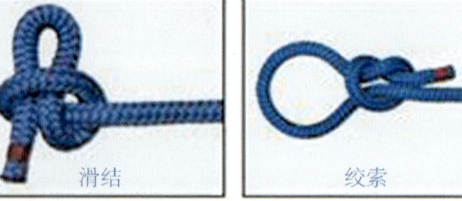

> 图202 各种各样的绳结

各具特色、优美复古——世界知名风帆训练舰

目前，全世界共有20多个国家的海军（海岸警备队）拥有几十艘风帆训练舰，这些风帆训练舰多以航海史上重要人物或本国英雄来命名。

中国风帆训练舰

中国风帆训练舰帆装采用了面积最大、使风能力最强的三桅全装。舰体设计为特别突出高速性的飞剪型，外形优美流畅，虽然是一艘非常经典的三桅快速帆船，但依然保留有一些现代化的元素。

该舰主要用于学员进行攀高桅、操帆缆、打绳结、天文航海等基本船艺技能和传统航海技能训练，锤炼培养海军官兵的意志胆魄、团队精神、航海技能和海洋素质，同时肩负着开展对外军事交流和宣扬海军特色文化等职能。

 小 贴 士

中国传统帆船四种著名船型系列

中华传统帆船历史悠久，以其船体线型尺度比例、桅桁缭索帆装舵锚属具、全木隔舱结构钉捻工艺、民俗内设外雕绘饰色彩等四项特征，傲立于世界帆船发展前列。

一般认为中华传统帆船包含沙船、鸟船、福船和广船等四种船型系列，分别航行在黄海、渤海、东海、南海等中国传统海域与江河，并进入各大洋与世界有关各国共同构建海上丝绸之路。

可以说，风帆训练舰在培养海军学员胆略、协同等方面具有一定的特殊作用，而且是对外交往的一张名片。中国风帆训练舰的横空出世，也必将成为人民海军走向全球的一张新名片。

> 图204　中国风帆训练舰详图

支援舰

表11 四种中国传统帆船比较

船型	发明年代	特　点
福船	战国时代	尖底、艏艉两头翘、小方艏、宽平艉、舭出艄、斜平板舵
沙船	唐代	平底、方艏、方艉、舭出艄，甲板宽平适于载货
鸟船	宋代	外形头小身肥，长宽比小于沙船而大于福船，尖圆底、艏艉两头微翘，艏部尖瘦呈鸟嘴状，舭出艄，恰容可升降舵板
广船	明清时代	尖底、小方艏、宽平艉、带艉楼、舭出艄、用带菱形小孔平衡舵

福船

沙船

鸟船

广船

> 图205　四种中国传统帆船

意大利"阿美利哥·威斯普西"号风帆训练舰

意大利海军"阿美利哥·威斯普西"号风帆训练舰于1930年建成,为钢质三桅大帆船船型,帆面积为2 100平方米。整个风帆训练舰满载排水量4 146吨、航速10节、舰员243人、可搭载150名学员。

该舰以17世纪前的航海探险家和海图测绘师"阿美利哥·威斯普西"(Amerigo Vespucci)命名,主要用于海军院校学员夏季航行训练,并作为友好大使,出席各种帆船聚会。

> 图206 "阿美利哥·威斯普西"号风帆训练舰

比利时"麦卡托"号风帆训练舰

比利时海军"麦卡托"号钢质三桅风帆训练舰,原为苏格兰建造于1932年,用于走南美货运航线,移交比利时后才使之声名大噪。1956年,其参加了英国帆船训练协会组织的第一届大帆船聚会,是参会为数很少的大帆船之一。1960年它退役为博览船而吸引了300多万名观众。1986年进行了重大改装,包括木甲板及全船帆装都被更新或大修,使之在1993年安特卫普大帆船聚会时能代表比利时作为东道主国的旗舰,居各大帆船之首,自豪地率编队返回其母港奥斯坦德。后来又获得复原修理,并服役于比利时海军,作为风帆训练舰。

> 图207 "麦卡托"号风帆训练舰

美国"鹰"号风帆训练舰

美国海岸警卫队"鹰"号风帆训练舰于1936年建成,由德国建造,二战结束后作为战利品被美国海岸警卫队获得,是海岸警卫队学院的旗舰。该舰为钢质三桅船型,帆面积为2 355平方米、满载排水量1 816吨、舰员65人、可搭载180名学员。驻泊母港是康涅狄格州新伦敦港,但经常以形象大使身份参与国际海事活动。

> 图208 "鹰"号风帆训练舰

葡萄牙"萨格雷斯"号风帆训练舰

"萨格雷斯"号风帆训练舰是由德国建造,1937年在德国服役,二战后被美国没收,并于1948年卖给巴西,作为巴西海军训练舰,1961年葡萄牙购得该舰并编入海军序列。该舰满载排水量1 893吨、载舰员139人、自持力25昼夜。

> 图209 "萨格雷斯"号风帆训练舰

第3章 海上"练武场"——训练舰

智利"埃斯梅拉达"号风帆训练舰

智利海军"埃斯梅拉达"号风帆训练舰是当今世界知名的风帆训练舰。该舰排水量3 673吨,舰上有4根高48.5米的钢质桅杆,可悬挂29面帆。帆全部张满时面积达2 870平方米,可推动舰船航速达17.5节。

> 图210 "埃斯梅拉达"号风帆训练舰多次访华

阿根廷"自由"号风帆训练舰

阿根廷海军"自由"号钢质三桅风帆训练舰,建造于1960年,1963年服役,排水量3 765吨、航速13.5节、续航力12 000海里/8节。该舰经常出访外国各港口,参与欧洲、美洲的航海节日活动及1964、1976、1986、1992等历年帆船聚会。1966年从北大西洋加拿大Race海峡航渡到英吉利海峡,以满帆面积达28 500平方英尺横跨大西洋,创造了只用8天12小时的世界纪录并保持至今。

> 图211 "自由"号风帆训练舰

哥伦比亚、厄瓜多尔、委内瑞拉、墨西哥风帆训练舰

哥伦比亚、厄瓜多尔、委内瑞拉、墨西哥海军在1968、1977、1980、1982年，分别向西班牙毕尔巴鄂造船厂订造各自的钢质三桅风帆训练舰，船型与帆装索具是相似的，尺度略有差异，主要承担执行友好形象大使的任务。这些国家的海军领导人都认为帆船航海训练能锻炼海军官兵的团队拼搏精神。船的命名都选择了一些民族英雄的名字，意味着追求独立与自由。

哥伦比亚海军是首先安排建造风帆训练舰的，建成于1968年，满载排水量1 250吨，可容60～75名学员航海实习。因为当时主要有国防部长、海军司令和帆船工程总设计师三位有影响力的领导人极力推动建造帆船训练舰，终于在1967年开工，船未建成，国防部长已去世，故该舰以他夫人的名字命名，命名为"格露利亚"，即"光荣"号。该舰曾于1983年和1997年两次来上海访问。

> 图212 "光荣"号风帆训练舰

厄瓜多尔海军采用与哥伦比亚同型训练舰，1977年建成后配属于其高级海军学校，命名为"高雅斯"号。

委内瑞拉海军风帆训练舰命名为"西蒙·玻利瓦尔"号，是纪念1783—1830年的南美民族英雄西蒙·玻利瓦尔，他对哥伦比亚、厄瓜多尔、巴拿马、秘鲁、委内瑞拉的独立是有贡献的，并体现着民族的理想与自由的精神。该舰建成于1980年。

> 图213 "高雅斯"号风帆训练舰

墨西哥海军风帆训练舰采用阿兹特克的末代皇帝来命名，即"夸乌特莫克"号，是同型舰中最后一艘，建成于1982年，满载排水量1 662吨，航速17节，装备有2门65毫米火炮。该舰被墨西哥海军用来在远洋航行中锻炼海军学员的团队合作精神。该舰曾三次来上海访问。

> 图214 "夸乌特莫克"号风帆训练舰

印度"波浪"号风帆训练舰

印度海军"波浪"号钢质三桅风帆训练舰,1997年11月11日在日本建成,驻泊在印度西南的柯钦港,编配6位军官、23名船员,每次航海训练可容30名学员。它除为海军部队培训年轻军官,也接受印度国防学院和海军学院的高级学员培训任务。该船名印地语意是"大浪"。该船的饰章采用母天鹅在海上滑翔、飞舞,教导其幼子学会飞翔和游泳,展翅象征远航的船帆,意喻全船目标是在波涛中完成航海培训。

> 图215 "波浪"号风帆训练舰

秘鲁"联盟"号风帆训练舰

秘鲁海军的"联盟"号为四桅风帆训练舰,2016年才交付,和一些国家近些年新建的风帆训练舰类似,其设有柴油发动机的辅助动力系统,甚至还有方便停靠港口的舷侧推进器,这是现代风帆训练舰"与时俱进"的一面。

> 图216 "联盟"号风帆训练舰

第4章

海上"生命之舟"
——医院船

2019年1月18日,浙江舟山某军港,历时航程31 500余海里的人民海军"和平方舟"号医院船终于圆满完成"和谐使命-2018"任务,载誉凯旋。

乘风破浪,跨洋越海。这已是"和平方舟"号入列10年来,曾9次走出国门、7次执行"和谐使命"任务,也是航程最远、时间最长、访问国家最多的一次远航。10年来,"和平方舟"号医院船航程23万海里,远赴三大洋六大洲,到访43个国家,免费诊疗服务23万人次。

走出国门,代言中国。这艘没有武器大炮的海军医院船,却满载着中国人民对和平的渴望和对生命的尊重,展示了中国医院船的最新成就,铸就了一张闪亮的中国名片。

> 图217 "和平方舟"号医院船圆满完成"和谐使命-2018"

"生命之舟"从这里启航

医院船的诞生

医院船是专用于海上收容、医治并运送伤病员的非武装支援舰,其主要使命是战时伴随舰艇编队航行实施医疗保障,或到指定海域实施卫生勤务保障,接收、救护、医治伤病员或将伤病员运送到后方医院治疗;平时可作为海上卫勤训练中心培训海上医务人员,救助海上遇难人员,对驻沿海岛屿部队进行巡回医疗等。因此,无论是战时还是平时,医院船都是当之无愧的"生命之舟"。

其实,早在公元前5世纪就有了医院船的雏形,当时的罗马和希腊舰队指定某些船只临时执行海战伤员抢救任务。随着人类海战中高新武器的逐渐应用、作战区域的不断扩大、海上活动的日益频繁及全球气候的多变,使得海上突发事件增多,对海上医疗救护有了迫切需求,因而使得海上医疗救护成为战时和平时均非常重要的一环。

> 图218 早期改装的医院船

医院船的诞生始于大规模海战中对大量伤员救治的需求，其主要使命就是充当"一个机动灵活、反应快速的海上医疗救护力量"，因此船上不配备进攻性武器，只有少量的轻武器，用来实施内部警戒和击退强行登船之敌。如果有更大威胁，医院船就只能寻求支援，或者紧急撤离。

医院船是为应对海上作战而生，它是一艘船，同时也是一座医院，可称为"海上移动医院"。医院船服务的对象主要是"伤"和"病"两大类人员。在医院船上除了按照医院配备各类医疗设备和病房等医疗设施外，还有供伤病员、医护人员、舰员等各类人员休养和活动的场所，如洗衣房、健身房、理发室、图书馆和酒吧等。

拥有大型医院船是现代海军强大的重要标志之一。目前，世界上只有美国、英国、加拿大、日本、中国等少数国家拥有具有远海医疗救护能力的医院船。

> 图219 "和平方舟"号医院船

第4章 海上"生命之舟"——医院船

医院船的分类与特点

现代医院船作为重大海战和人道主义救援行动的重要医疗装备，在配置上有如下主要特点：船上配有供运送伤病员的小型救护艇和直升机；船体艉部设有传染病隔离室及太平间，并设有独立的通风和污染处理系统等。

 医院船的主要类别

医院船的数量有限，从使用、专业、吨位、大小等角度可将医院船分为以下几类。

 医院船的特点

任务明确，平战兼顾

从国外情况来看，专门拥有医院船的国家很少，即使美国和俄罗斯也只保留少量这种船。医院船主要用于战时，为了提高医院船的利用率，美国和俄罗斯对医院船的平时任务也做了明确规定。美国医院船的使命是战时为作战部队提供机动后勤保障，平时为灾区提供医疗救护，能在世界范围内实施援救，接收各种伤病员，给予急救和治疗。俄罗斯的医院船战时用于紧急救治伤病员，平时安排官兵疗养。

设施齐全，人员配套

医院船是一个海上灵活机动的应急医院，不但配备有齐全的医疗设施，而且还配备整套医务人员。如俄罗斯"斯维尔"号医院船上有83名各类医务人员，根据其平时保健疗养任务，人员编制中有心理医生和康复治疗医生，也有体育和功能诊断的专家及海军劳动生理和卫生学专家。

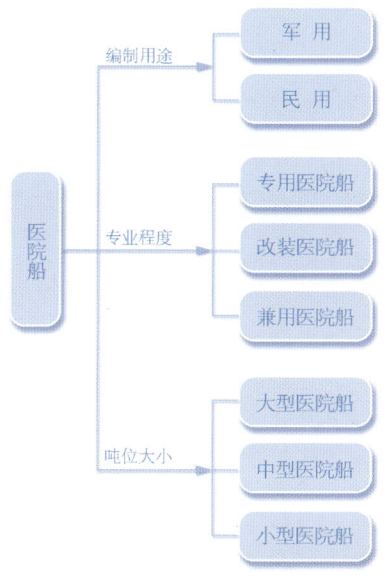

> 图220　医院船分类

船机接合，机动高效

医院船与直升机相结合，可以充分有效地发挥两者的机动能力。早在朝鲜战争期间，美国海军创造了用直升机运送伤员的办法，此法在以后的战争中得到了广泛的应用。在战时，医院船驶进战区沿岸，通过直升机把伤病员接到船上，越过了战场医院和伤员集中地等中间运转环节，加快了伤病员的后送速度，使伤病员尽快得到治疗，死亡率明显下降。

四级救护，管理科学

为保证医疗救护计划的顺利实施，国外海军管理部门先后制定了一系列医疗救护的规章制度。

在1991年1月的海湾战争中，美国海军实施了医疗救护四级梯队制。对照医疗救护四级梯队制，在第一次海湾战争中，美军海上医疗后送体制是：单舰→航母→医院船（舰队医院）→驻欧洲美军医院或本土后方医院。

美海军的四级救护，相互关联，自成系统，在海湾战争中取得了明显的效果。

> 图221 "和平方舟"号医院船上的救护直升机

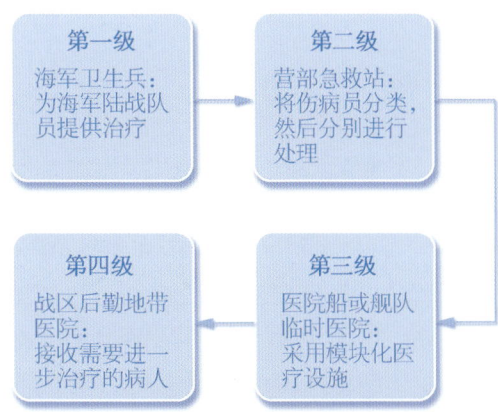

> 图222 美国海军的医疗救护四级梯队制

小贴士

医院船如何分辨

按照1949年《改善海上武装部队伤者、病者及遇船难者境遇之日内瓦公约》规定，医院船壳体的水线以上涂白色，船体外壳在舯部和艉部两舷、烟囱侧面和甲板面等处标有醒目的红十字图案，悬挂本国国旗和白底红十字旗，在任何情况下不受攻击和捕拿。全船工作人员持有国际上规定的身份证并佩戴特制的臂章。

通体白色和红十字成为医院船与其他船只最典型的外观区别。除此之外，与救护车的救护等相似，医院船同时配有特有的航行灯，便于其他船只、飞机在通过航行灯等对其进行识别。

第4章 海上"生命之舟"——医院船

中国医院船的发展

中国医院船的发展之路

提起中国的医院船,首先想到的就是"和平方舟"号,这艘服役于2008年12月22日的海军医院船,不仅是世界海军史上第一艘专门建造的大型医院船,也是目前世界上最先进的医院船之一,它是中国人民的骄傲,也是世界人民的"和平使者"!

那么,在性能如此优越的一艘万吨级医院船之前,中国的医院船是怎样的呢?中国医院船的发展情况又如何呢?

自新中国成立以来,中国医院船的发展主要经历了旧船改造、临时改装和专业建造三个阶段。

旧船改造阶段

这一阶段主要是在20世纪80年代,中国通过旧船改造,人民海军终于拥有了两艘专业的医院船,分别是中国第一艘专业医院船"南康"号及"南运830"号医院船。这两艘医院船均是琼沙级运输船改装而成。

在这一阶段,受被改造船的条件限制,这些医院船的医疗条件和救治的人数、范围也很有限。另外,船本身吨位、续航力和自持力也不适合随海军舰艇编队执行医疗保障任务。

> 图223 改造成医院船的"南康"号依然无法抹去运输船的风采

临时改装阶段

在改造旧船为医院船的同时，为了加强国防动员能力，做到"平战结合、军民两用"，中国又通过改装或建造的方式拥有了几艘"临时"医院船，这其中比较典型的就有"庄河"号集装箱医院船、"世昌"号训练舰。另外还有一些小型渔船如"烟渔681"号也曾被临时客串为医院救护艇。

在这一阶段，通过加装一些医疗设施模块的形式，可快速将一些旧船改造成临时的医院船，为战时医院船的快速征集和改造积累了经验，也在一定程度上缓解了海军对医院船的迫切需求。

> 图224 装上医疗模块的"世昌"号训练舰

> 图225 演练在"世昌"号训练舰拉开序幕

> 图226 临时客串为医院救护艇的"烟渔681"号

小贴士

"世昌"号训练舰开展"海疆召唤-2018"海上医疗救护拉动演练

2018年9月，中国"海疆召唤-2018"海上医疗救护拉动演练在黄海某海域举行，来自全国各地的61名医务人员登上"世昌"号训练舰参训。

"海疆召唤"系列海上医疗救护拉动演练旨在充分挖掘地方卫生医疗优势资源，提高国家处置海上重大突发事件的危机管控和应急保障能力，为国家和地方储备一定规模的海上卫生动员后备力量。该演练于2005年正式启动，由海军大连舰艇学院负责具体组织实施，目前已累计为23个省市区培养了1 600名海上卫生动员后备力量。

专业建造阶段

进入21世纪以后,随着人民海军舰队逐步走向远海,需要建立与之配套的海上医疗救护保障措施。在2005年,中国开始了世界海军史上第一艘大型专业化医院船的设计建造工作,它就是后来享誉世界的"和平方舟"号医院船。

作为一艘大型的专业化医院船,"和平方舟"号医院船是人民海军整个医疗体系架构中最顶端、最大型的制式装备,也补全了中国海上立体救护链,使中国海上救护能力水平有了突飞猛进的发展。

另外,除了大型医院船外,中国还陆续改造或建造了一批快速医疗救护艇,舷号分别为"北医01"号、"东医12"

> 图227 "北医01"号医疗救护艇

号、"东医13"号、"南医10"号、"南医11"号。作为大型医院船的配套船,它们能将伤员快速从受伤现场转移到大型医院船上进行更全面的治疗。

> 图228 "东医13"号医疗救护艇

中国典型的医院船

纵观人民海军的医院船发展史,我们从无到有,从弱到强,走过了一条由临时改造、设施简陋到专业建造、现代豪华的快速发展的过程。

在这个快速发展过程中,产生了许多典型的医院船,值得我们铭记!

中国第一艘专用医疗船——"南康"号

"南康"号医院船是中国第一艘专用医疗船,它是由运输舰"南运833"改造而成,属于琼沙级医院船,1991年被正式命名为"南康"号医院船。

该医院船安装了良好的空调系统,船上设有伤员分类站、手术室等专业舱室,共有219个病床,医务设备比较齐全。在救援设备上该船虽然配备了若干艘敞开式人员救生艇,但无直升机起降平台,因此主要用于中、近海卫勤保障。

"南康"号医院船作为中国第一艘专业医院船,入列32年来,参与了50多次重大演习和出访任务。通过在该船上实施海上救护,中国制定了《医院船海上救护实施方案》《海战救护应注意的具体事项》等多项措施,从理论上取得了海上救护推演的成功,也开创了中国海上综合救护船编队完成战场实兵救护的先例。

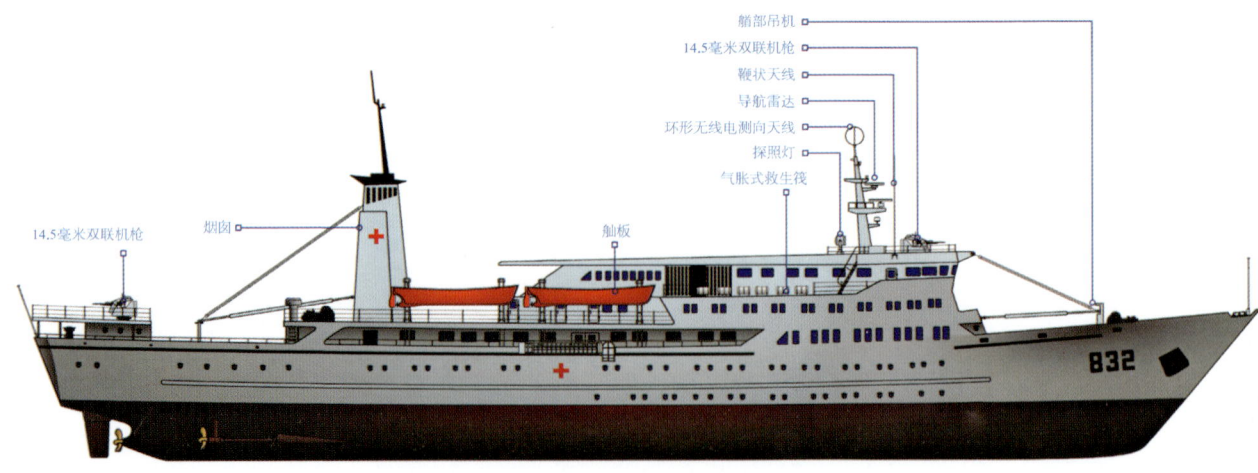

> 图229 "南康"号医院船

第4章 海上"生命之舟"——医院船

> 图230 "南康"号医院船

> 图231 "南康"号医院船于2002年更名为"南医09"号医院船

世界最大的模块化医院船——"庄河"号

"庄河"号医院船是世界上最大的模块化医疗船,拥有100多个模块,船舷附近有直升机起降平台。

"庄河"号医院船本是一艘3万吨级的中型集装箱船。该船归上海远洋运输公司管理,平时主要运营沿海内贸集装箱班轮航线。因集装箱船改装成海军医院船比较有优势,只需在甲板上装载医疗方舱,即可实现战时救护伤员,也即"庄河"号集装箱船实际就是海军国防动员船,以战时医疗救护为主,平时返回公司做内贸航线船用。

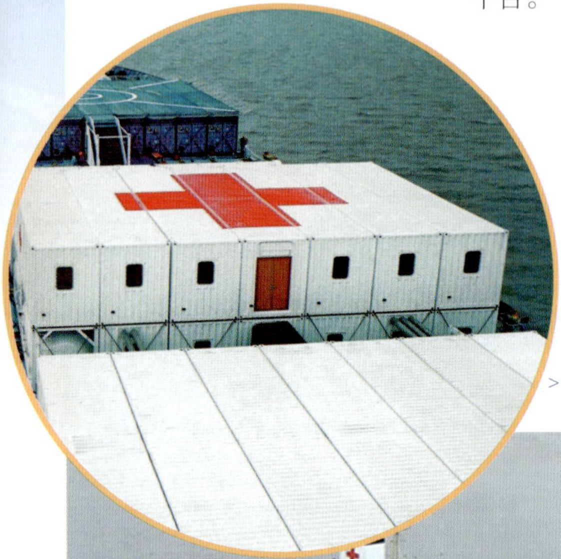

> 图233 "庄河"号医院船上的医疗方舱

> 图232 "庄河"号医院船

人民海军最大的专业医院船——"和平方舟"号

"和平方舟"号医院船被誉为"亚洲第一"医院船,是中国为海上医疗救护"量身定做"的首艘大型专业医院船,满载排水量1万多吨,于2008年底入列海军。

"和平方舟"号医院船作为世界首艘专门设计万吨级医院船,具有五大特点:

远洋救生能力强 该船具有良好的适航性、操纵性,续航力30昼夜,抗风力12级,搭载救护直升机一架,可以在9级海况下安全航行。另外,该船还采用了减振降噪措施,能有效缓解海上航行的振动和噪声问题,具备较强的远洋航行和大风浪条件下实施手术能力,堪称一座"安静型"的现代化海上流动医院,被官兵们誉为驶向大洋的"生命之舟"。

医疗设施齐全 该船配有多个医护办公室、护士站、手术室,病床几百张,各种医疗设施几百种上千台(套)。设有烧伤病房、无菌病房等多个诊疗科室,配有麻醉呼吸机、高频电刀等设备,医疗设施达到了最高等级医院——三级甲等医院的水平。

救护手段多样 该船配有多艘全封闭伤病员救生艇,具备直升机换乘、吊篮换乘和靠帮换乘三种换乘手段,能够快捷有效地实施伤员接收和后送。

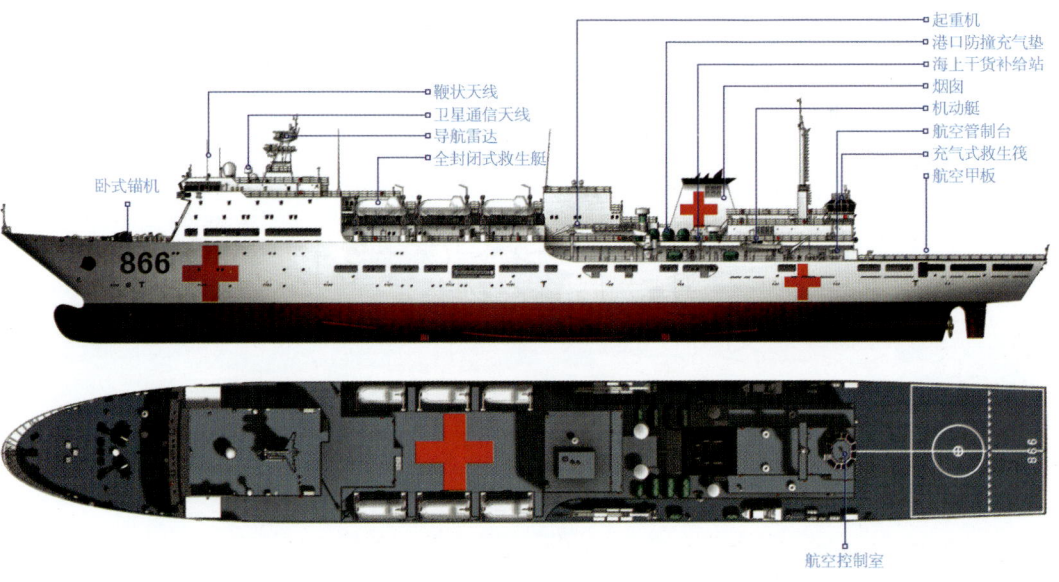

> 图234 "和平方舟"号医院船详图

配套设施先进 该船装有远程医疗会诊系统和医疗局域网、视频监控系统，可通过卫星与岸基医院进行远程医疗会诊，具有在海外实施高难度手术的能力。

医务人员整体水平高 "和平方舟"号医院船上共有医务人员上百名，涉及外科、内科、妇科、眼耳喉鼻科、中医科等多领域。

> 图236 "和平方舟"号医院船上的重症监护病房

> 图235 "和平方舟"号医院船组织登陆艇转运

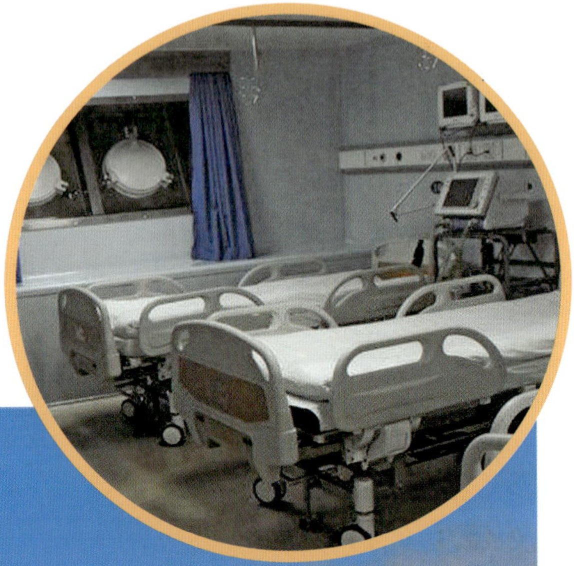

第4章 海上"生命之舟"——医院船

> 图237 "和平方舟"号医院船上的直升机

> 图238 海上医疗救护与后送演练

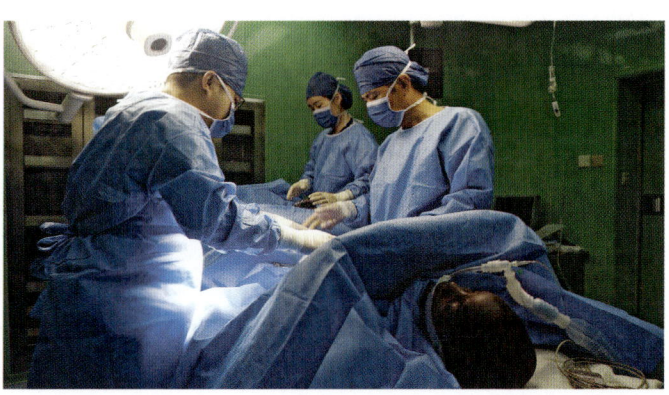

> 图239 在"和平方舟"号医院船上进行手术

为人类"和平"而来——和谐使命、大国担当

作为中国新时代的闪亮"名片","和平方舟"号医院船始终秉承"和平、发展、合作、共赢"的理念,通过执行"和谐使命"系列任务,传扬和平、传播友谊、传递爱心,帮助世界更好了解中国、认识中国军队。

自2010年开始执行"和谐使命-2010"以来,至2019年完成"和谐使命-2018"任务,中国"和平方舟"号医院船共进行了7次"和谐使命"任务,为几十个国家免费提供了几十万人次医疗救助服务。

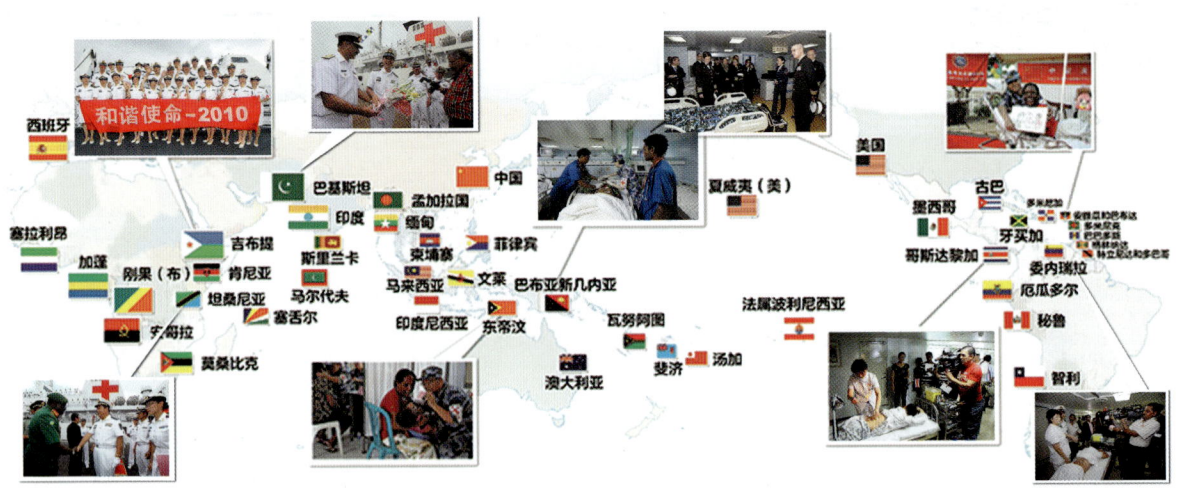

> 图240 "和平方舟"号医院船的海外和谐足迹

2010年8月31日,"和平方舟"号医院船从舟山起航,前往亚丁湾海域及吉布提、肯尼亚、坦桑尼亚、塞舌尔、孟加拉国等亚非五国执行"和谐使命-2010"任务。这是中国"和平方舟"号医院船首次赴国外执行巡诊及医疗服务任务。

2011年9月16日,随着"和平方舟"号医院船缓缓驶离舟山某军港,人民海军"和谐使命-2011"任务正式拉开帷幕。100余天的行程,23 500余海里的航行,4个国家的出访暨医疗服务,"和平方舟"担负起履行国际人道主义义务、宣扬"和谐世界""和谐海洋"理念的光荣使命。

第4章 海上"生命之舟"——医院船

表12 "和平方舟"号医院船7次"和谐使命"任务

"和谐使命"任务	访问或提供医疗服务国家、地区
和谐使命-2010	亚非五国（吉布提、肯尼亚、坦桑尼亚、塞舌尔、孟加拉国）
和谐使命-2011	拉美四国（古巴、牙买加、特立尼达和多巴哥、哥斯达黎加）
和谐使命-2013	亚洲八国（巴基斯坦、孟加拉国、柬埔寨、缅甸、印度、印度尼西亚、文莱、马尔代夫）
和谐使命-2014	南太平洋四国（汤加、斐济、瓦努阿图、巴布亚新几内亚）
和谐使命-2015	环太平洋八国（澳大利亚、法属波利尼西亚、美国、墨西哥、巴巴多斯、格林纳达、秘鲁等）
和谐使命-2017	亚非八国［吉布提、塞拉利昂、加蓬、刚果（布）、安哥拉、莫桑比克、坦桑尼亚及东帝汶］
和谐使命-2018	巴布亚新几内亚、瓦努阿图、斐济、汤加、哥伦比亚、委内瑞拉、格林纳达、多米尼克、安提瓜和巴布达、多米尼加、厄瓜多尔11国

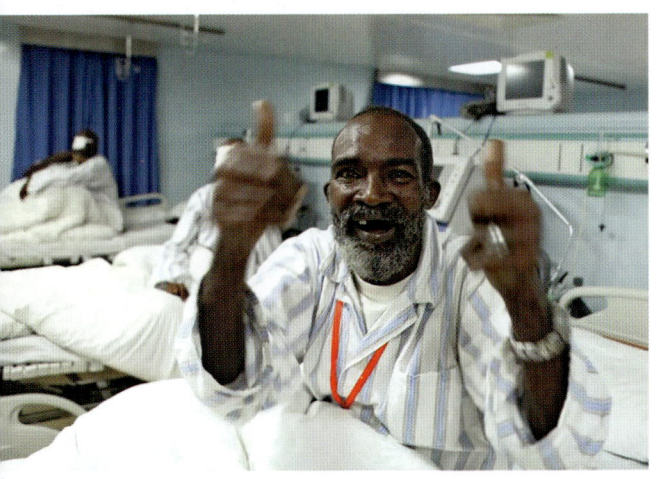

> 图241 2010年9月28日吉布提白内障患者在"和平方舟"号医院船上恢复光明后向中国竖起大拇指

小贴士

"和谐使命"任务

"和谐使命"任务是经中央军委批准的一项重要军事外交活动，主要是为出访当地民众提供免费医疗服务。它是对"一带一路"倡议的积极响应，是人民海军卫勤走向远海、走向深蓝的一次重要实践。

为了执行好"和谐使命"任务，医院船会将任务分成不同阶梯：第一个阶梯是走村入户，进行最普遍的筛查；第二个阶梯是在岸基建立类似卫生所的医疗点，能进行一些简单的检查、急救和手术；第三个阶梯就是将更复杂的病人送到医院船上进行诊断和治疗，这样在医疗服务的数量和质量上就得到了很好的保证。

2013年11月8日，菲律宾受到超级台风"海燕"的袭击，塔克洛班市从美丽的海滨小城变成满目疮痍的灾区，其中4 000多名人员遇难。"和平方舟"号医院船于11月21日上午从浙江舟山某军港解缆启航，前往菲律宾灾区执行人道主义医疗救助任务，这是中国第一次派遣舰艇赴海外灾区执行人道主义医疗救助任务。在"和平方舟"号医院船抵达灾区的十几天时间里，中国的医护人员驾驶着救生艇一趟趟往返于码头和医院船之间，将充满爱意的救灾物资送到灾民手中，将身心疲惫的伤病患者接到船上予以救治，提供了极大的人道主义援助！

2014年8月8日当地时间上午8点，人民海军"和平方舟"号医院船整点驶过赤道，驶入南太平洋。随船执行"和谐使命-2014"任务的全体官兵在甲板上面对五星红旗举行"履行和谐使命，献身强军实践"宣誓签名仪式。

2014年9月29日，浙江舟山某军港码头，圆满完成"和谐使命-2014"任务的人民海军"和平方舟"号医院船载誉归来。航行58天，航程9 207海里，门诊诊疗2万多人次，收治住院110人，实施手术212例。

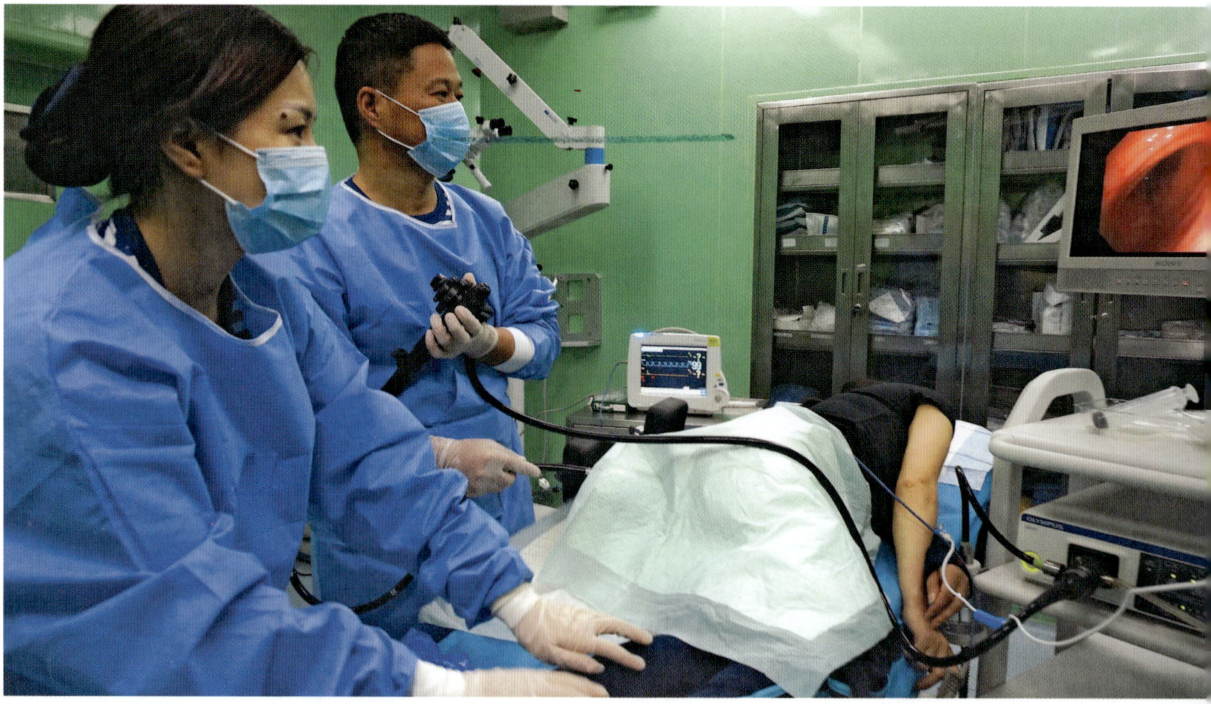

> 图242 在安哥拉罗安达港进行胃镜和肠镜联合检查

第4章 海上"生命之舟"——医院船

2015年9月23日,在参加完中马"和平友谊-2015"实兵联演之后,"和平方舟"号医院船即从马来西亚巴生港直接转入"和谐使命-2015"任务,访问澳大利亚、法属波利尼西亚、美国、墨西哥、巴巴多斯、格林纳达、秘鲁等,并在中南美洲开展免费医疗和人道主义服务。期间,"和平方舟"号医院船以医院船为主阵地全面接诊的同时,多次派出医疗分队,深入监狱、岛屿、社区、村镇巡诊,诊疗近2万人次,成功实施手术59例,创造多项"和谐使命"任务新纪录。

2017年7月26日,"和平方舟"号医院船解缆起航,执行"和谐使命-2017"任务。该医院船所到之处,无不掀起一股强劲的"中国风",受到了当地群众的热烈欢迎。在整个环非洲访问期间,"和平方舟"号医院船累计治疗6万多人次,进行CT等辅助检查近3万人次。

> 图243 "和平方舟"号医院船首次访问法属波利尼西亚,当地群众跳起民族舞欢迎

从北半球到南半球，从太平洋到大西洋，从亚洲到大洋洲和中南美洲，2019年元旦前夕，执行"和谐使命-2018"任务的"和平方舟"号医院船，圆满完成对巴布亚新几内亚等11国的友好访问和医疗服务任务，精彩亮相智利海军成立200周年纪念活动，满载着收获的喜悦，扬帆归航。航程31 500海里，航时2 664小时，诊疗50 884人次，辅助检查26 231人次，实施手术288例……这是这次和平方舟执行"和谐使命-2018"任务200多天以来所完成的漂亮成绩单。

医生被誉为白衣天使，满载白衣天使的"和平方舟"号医院船正如其名，为和平而生，为人类和平而来……一组组数字，串联起了"和平方舟"号医院船传递关爱、传承友谊的和平航迹，承载着中国人民热爱和平的心，托举着全人类共同幸福的梦，留下了温暖的感动记忆，描绘了和平合作、命运与共的美好愿景。

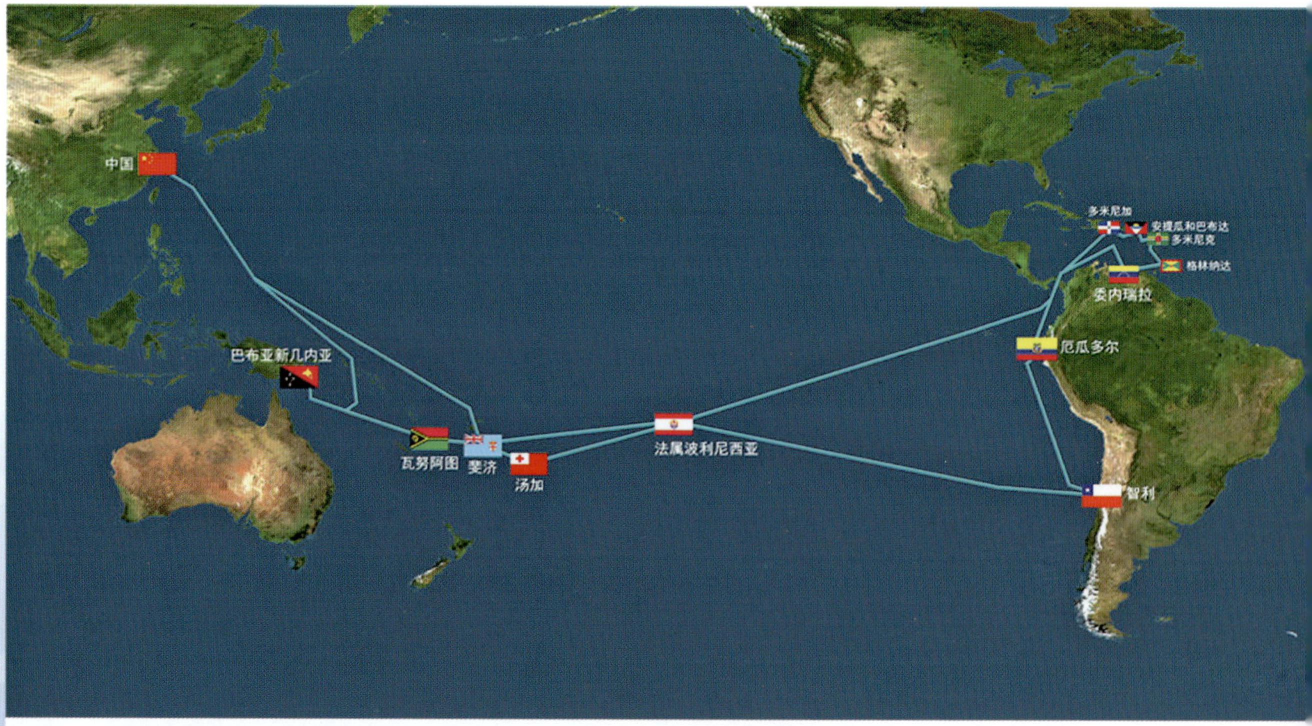

> 图244 "和谐使命-2018"任务活动航迹示意图

第4章 海上"生命之舟"——医院船

缔造中国"和平方舟"号医院船的人们

21世纪初，随着人民海军实力的逐步发展，海军编队的活动范围也逐步扩大，实现了从"近海防御"向"中、远海防卫"的战略转型，这就需要建立与我海军能力相适应的海上医疗救护体系，建造一艘功能先进的新型医院船，以应对战时海上救治的需要，满足平时执行海上医疗救护训练等任务，这就是后来被海军正式命名的"和平方舟"号。

组建队伍，承接使命

"和平方舟"号医院船设计和建造的任务很快下达到了中船集团公司。为保障如期高质量完成任务，根据要求，中船集团公司迅速协调力量落实设计、建造工作，决定由中国船舶工业集团公司七〇八所设计、广船国际建造，并签署责任状，迅速成立了以吴正廉为总设计师的项目组，从方案论证着手开始该医院船的研发。

> 图245 举行隆重升旗仪式

白手起家，迎接挑战

现代科技发展的任何一项成就，都是对原有成果的继承、发展和超越，对舰船设计研究而言更是如此，新型舰船的设计，有无母型作为参照，在很大程度上决定了设计的难易。

当时世界上拥有大型医院船的国家仅有美国和俄罗斯，它们的医院船都从油船或客船改装而成的，因此可供参考的技术资料不多，同时对医院船医疗舱室布置要求、技术条件、环境条件、医疗设备配备要求及设备的数量、质量均无标准可执行，这些都需要经过充分的调研、论证。

按照中国卫生部主编的综合医院建设标准，需要满足医疗工作对医疗设备齐全；医疗舱室空气净化；伤病员海上换乘；可携带多副担架的特殊救生艇；在一定航速下确保船的稳性好、噪声低、振动小等要求，这无疑对设计提出了严峻的挑战。

> 图246 参与国际海上联合救灾演习

攻坚克难，无私奉献

面对困难，设计项目组每个成员没有退缩，他们根据中国国情和海上抢救伤病员的特殊要求，开展关键课题研究，通过理论分析、实验验证和充分调研，先后攻克了医院船总体性能、船体结构减振降噪设计、医疗通道优化、海上伤病员换乘、医疗空气净化、特殊救生艇设计、医疗装备装船技术等多项难关，取得了大量的研究成果，为"和平方舟"号医院船设计提供了有力的技术支撑。

为了攻坚克难，整个设计项目组拧成一股绳、心往一处想、劲往一处使、各司其职、各尽所能，大家无私奉献、协同作战、配合默契，堪称完美。

该船总设计师以近七旬高龄承担技术抓总工作，以至高的工作热情和一丝不苟的工作态度率先垂范，无论是星夜兼程会同各方赶方案、舟车劳顿向各级汇报，还是辗转船厂、设备厂主持协调处理技术问题、亲自参加各项试航验证工作等，他都不辞辛苦、毫无怨言，那段时间他几乎把个人的所有时间和精力都毫无保留地奉献给了项目。

设计成功，誉满全球

"和平方舟"号医院船设计完成并建造竣工后，通过系泊、航行和专项试验，各项战术技术性能均得到了充分的验证，满足了设计要求。该船的成功研制标志着中国在海上救护体系建设上取得了重大突破，中国成为世界上少数具有远洋医疗救护能力的国家之一。

"和平方舟"号医院船自2010年起携带药品和先进的医疗器械，开展了"万里海疆行"巡诊、"和谐使命"医疗救助、"环太平洋"军演等一系列活动。

该船先后荣获中国船舶工业集团公司科学技术进步一等奖、国防科学技术进步二等奖及中央军委科学技术进步二等奖；2017年又以总票数第一名荣登"人民海军十大名舰"！

> 图247 "和平方舟"号医院船设计荣获国防科学技术进步二等奖

国外典型医院船

美国是世界上使用医院船最多的国家之一,其第一艘医院船"红色漂泊者"号于1859年建成下水,曾于1861—1865年间的南北战争中使用。随后美国又由客轮改建了4艘医院船,即"救护"号、"安托"号、"马萨诸塞州"号和"奥利维特"号医院船,以满足1898年美国与西班牙之间战争的需要。

在1983年,美国海军相继将"价值"号、"玫瑰红"号两艘油船改装成"仁慈"号和"舒适"号医院船。

"仁慈"号医院船设有伤员接收分类区、复苏室、手术室、病房、化验室、放射科和病房7个主要区域或部门,并配置一些主要设施。为保证船上医疗,还设有1个设施完整的牙科室、1个血库、1个理疗室和验光配镜中心等。

在1990年海湾战争期间,美国海军迅速从海军医院和美国海滨的各医疗中心征集船上医务人员,集聚了大量高技术医务人才,而将这两艘医院船布置在海湾地区。在"沙漠风暴"军事行动中,两艘医院船不仅给盟军伤员提供高质量的医疗服务,而且还有能力接收一些伊军伤员。在1994年,"舒适"号医院船两次被征集参加军事行动:一次是为了阻止古巴、海地移民,另一次是参加了在海地支援部队和机构的军事行动。

> 图248 "仁慈"号医院船

> 图249 "舒适"号医院船

苏联/俄罗斯

苏联海军在20世纪70年代末，开始专门设计建造了4艘鄂毕河级医院船，首制船"鄂毕河"号已经报废，现有3艘分属俄罗斯黑海、北方、太平洋三大舰队。

鄂毕河级船外观形同远洋客船，有多层甲板，船体全部漆成白色，干舷两侧有3个醒目的红十字，并以3条宽的红色带贯穿，整体外观精美。该级船配有医技人员200名和1架卡-25直升机。

该船上层甲板近艉部是烟囱，两侧是一字排开的救生艇和供救生艇下水的吊杆。船艉部是直升机起降平台，甲板上涂有白色大圆圈，供卡-25直升机起降设备，可借助其垂直转运伤病员和医疗物资等。该船航海设备和无线电设备精良，能保证精确无误、安全可靠地在任何气象条件下航行于世界各大洋。

船上医疗设备齐全，包括7个治疗室、1个手术区、2～3个药品仓库和400～500张床位。船上还有一大个配有全套运动器材的健身房、2个游泳池、排球场和篮球场、乒乓球桌和自行车练习器等。船上还设有一个可容纳100人的影剧院和拥有3 000多册图书的图书馆。该级船除紧急救治伤病员外，还用于官兵的保健性疗养。

该级医院船平时很少泊在基地，它们经常伴随编队在大洋上长期训练，为海上训练提供医务保障。

> 图250 "叶尼塞河"号医院船

> 图251 "鄂毕河"号医院船

巴西

巴西主要有奥斯瓦尔多·克鲁兹级和倒特·蒙特尼哥罗级医院船。

奥斯瓦尔多·克鲁兹级医院船满载排水量500吨,航速9节,续航力4 000海里/9节;船体漆成白色,后来于1992年两船统一涂成深绿色,干舷两侧有3个醒目的红十字;人员编制为27名船员和21名医务人员;设有2个医务部、1间牙科室、1间实验室、2间诊所和1个X线检查中心等;配有1架HB-350B直升机。

倒特·蒙特尼哥罗级医院船满载排水量347吨,航速10节;人员编制为50名船员和11名医务人员;设有疗养所2个、外科手术室1间、牙科室1间、实验室1间、理疗室1间、X线检查中心1间。

第5章 支援舰放眼看未来

兵马未动，粮草先行。战舰走向远海，离不开各类支援舰的支援。随着世界新军事变革的不断深入和海军发展战略的变化，海军补给舰、训练舰、医疗船等支援舰亦将发生重大变化。

补给舰发展趋势

**补给方式综合化**

为进一步提高海上补给速度，尽量缩短舰船建立补给阵位时间，补给类保障舰船正从单一品种补给转向多品种补给，趋向综合化。

美国海军除了使用具有三种补给品种的快速战斗支援舰外，还计划用T-DC（X）型干货船（能装载弹药和干货品种）替换弹药运输船和干货船。

> 图252　多品种补给舰

航行速度快速化

随着各国海军注重远洋作战,其作战编队向快速化、灵活化方向发展,对补给舰的航速也提出了前所未有的要求,补给舰航速将进一步提高,以满足舰船编队快速性的需求。

目前美国海军的大型综合补给舰的航速都在20节以上,有的已达26节以上。美军新建造的AOE-6补给舰的航速将提高到30节。此外,美军还在研制航速为40节的战区支援舰TSV-1X,甚至航速为100节的万吨级气垫补给舰。

> 图253 战区支援舰TSV-1X

> 图254 战区支援舰

补给装置信息化、智能化

随着各国海军注重远征和远洋作战，其作战编队向快速化、灵活化方向发展，必然促使支援舰减少中间环节，精简机构，提升海上补给实体的信息化水平，提高操纵的智能化水平。

美国海军正在研制重型航行补给装置，其承载量可达5.4吨，未来将能传送20英尺标准专用集装箱。美国海军还将实现绞车机组合化、电器组件集成化、干货补给横向化（专用集装箱化）和液货补给快速化。新的轻型、高强度软管和先进的绞车驱动系统，可明显减轻甲板的承重量，并减少使用空间，增大补给舰与被补给舰间的距离。

英国罗—罗集团正在研制全电动海上补给系统，该系统可在7级恶劣海况下每次传输6吨干货。

另外，随着控制系统智能化、信息化的发展，为了提高工作效率，减轻舰员的劳动强度，无人艇、无人飞机等无人化装备也逐渐成为海军的重要装备，也会促进补给装置智能化，甚至无人化水平的提高。

> 图255 水上无人机

训练舰发展趋势

 训练科目多样化

未来，为了培养高素质、高水平的海军作战指挥人才，训练舰的训练设备将越来越趋向于专业化，训练科目也逐渐多样化，除了提供具备传统的训练科目外，还将不断增加多样的专业训练设备，以提供搜潜和反潜训练、损害管制、海上补给训练、舰载直升机训练等高难度、复杂的训练科目。

目前，日本海上自卫队新建的训练舰中，绝大多数安装有航海、观通、枪炮、水中兵器、导弹、轮机等多种训练设备，可以满足学员多种科目的技术和战术训练，有利于全面提高受训学员的综合素质和实操水平。

> 图256 "世昌"号训练舰

训练平台大型化

为满足海上多科目训练需要,让更多的培训人员接受培训,无疑会对训练舰船的性能、空间布置等提出更高的要求,促使训练舰进一步向大型化方向发展,使得训练舰的航速不断提高,抗风浪能力不断加强,适航海域不断扩大。

为了适应日益增长的远洋环球航行训练,日本海上自卫队在研制新一代训练舰时,通常考虑加大排水量,以提高适航性;采用先进动力系统,增大续航力。

> 图257　日本海上自卫队训练舰

第5章 支援舰放眼看未来 | 199

 **平战结合功能多元化**

近几年,世界各国海军在设计和新建训练舰时,非常注重训练舰的多用性,以便使其具备执行多种任务的能力,即训练舰可以兼顾多种功能:平时主要担负训练任务,战时通过简单加装或改造,又可以担负医疗救护、运输补给、布雷等其他任务,以提高其利用率,最大限度地发挥综合效益。

> 图258 兼有医院船功能的"世昌"号训练舰

医院船发展趋势

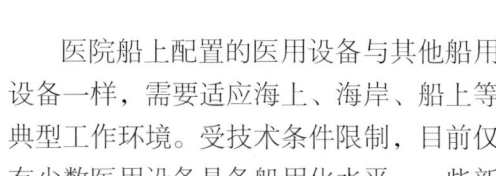

医疗设备专业化

医院船上配置的医用设备与其他船用设备一样，需要适应海上、海岸、船上等典型工作环境。受技术条件限制，目前仅有少数医用设备具备船用化水平，一些新型和大型医疗设备尚未配置在医院船上。随着医院船的长远发展，医疗设备实现船用化，并进一步发展医院船专用设备，也有助于提升医院船的医疗水平。

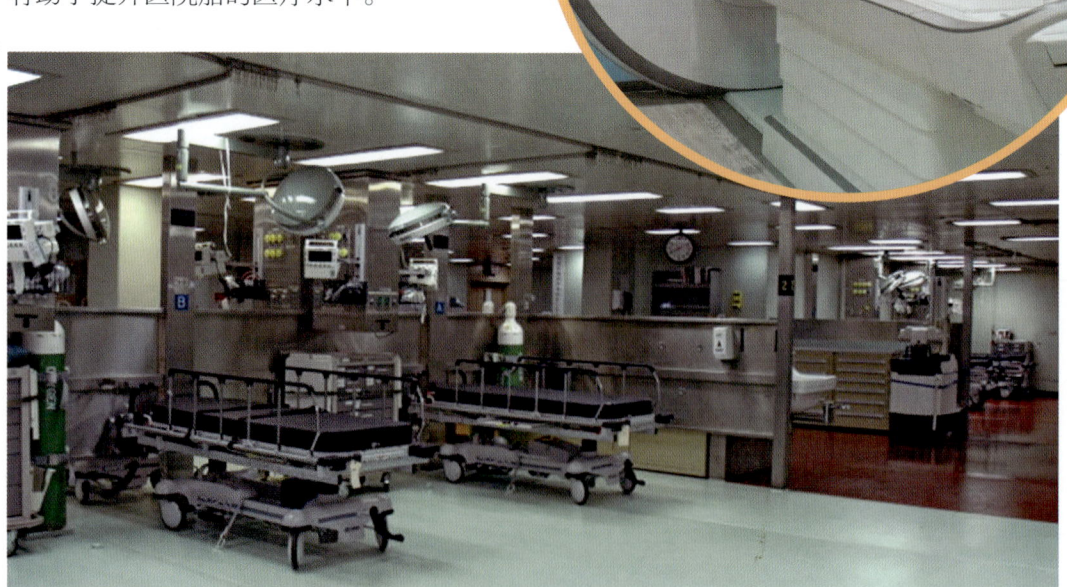

> 图259 核磁共振设备

> 图260 医院船上的医疗区

多功能化

随着国际政治、经济、外交等格局和形势的不断变化,医院船作为海上移动医院使用,其应用模式不再唯一,与之相关联的沿海及岛屿极端天气灾后救援、海难救援、贫弱地区医疗援助等不同应用场景逐步常态化。因此,从功能上讲,医院船除继续发挥伤病员诊疗及救治的核心专长功能外,也将不断加强如批量人员收容、病人康复治疗等多种功能,未来的医院船将朝"一专多能"的方向发展。

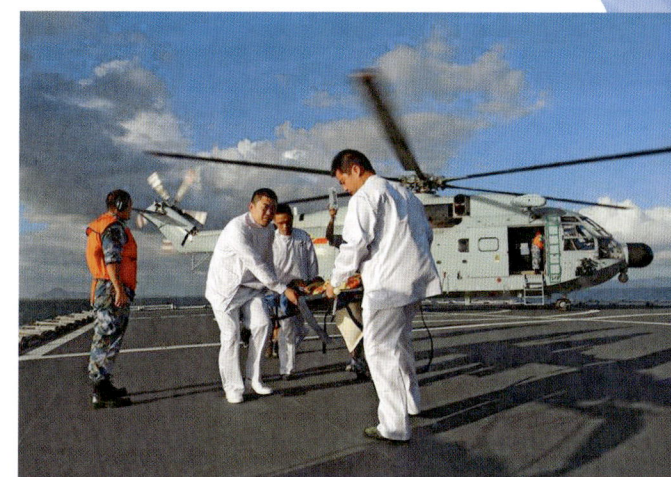

> 图261　伤病员通过直升机转运到医院船

> 图262　医院船在码头开展门诊服务

参考文献

1. "海洋梦"系列丛书编委会.骑鲸蹈海：海洋军事与海军.合肥：合肥工业大学出版社，2015.
2. 王培生，高峰，姜滨.世纪之交军辅船.北京：海潮出版社，2002.
3. 默虹.美国海上力量2018.舰船知识，2018（增刊）：1-208.
4. 张毅.众志扬帆——舰船研发设计团队巡礼.上海：上海交通大学出版社，2017.
5. 张毅.用生命谱写蓝色梦想：张炳炎传.上海：上海交通大学出版社，2016.
6. 张毅.一片丹心向阳红——舰船工程专家张炳炎的故事.北京：科学普及出版社，2017.
7. 钱晓虎.大国巨舰——人民海军百年成长印记.北京：长征出版社，1979.
8. 《现代舰船》编辑部.人民海军舰艇全谱（1949—2017年）.北京：《现代舰船》杂志出版社，2018.
9. 天鹰.中国海军医院船的发展.舰载武器，2008（12）：32-37.
10. 蒋华，刘兵."呼伦湖"号使航母编队真正具备远洋作战能力.舰船知识，2017（11）：60-65.
11. 罗文臣，杨涛.中国海军补给舰需求分析.舰船知识，2017（11）：66-69.
12. 何中文，邓涛.从"呼伦湖"号入役谈901型大型综合补给舰.舰船知识，2017（11）：70-75.
13. 孟宪海.国外医院船发展现状.船艇，2004（03）：28-32.
14. 刘巽明.苏联两艘新医院船.航海，1987（04）：47.
15. 刘巽明.模块化医院船.现代舰船，1999（12）：20-22.
16. 刘巽明，赵诗琮.自豪的航海文化.航海，1992（01）：42-43.
17. 麦田.新型医院船随想.现代舰船，2007（10）：14-16.
18. 崔燕."和平方舟"号医院船揭秘.中国船检，2010（10）：74-76.
19. 王毅，刘松林.神秘的医院船.当代军事文摘，2006（12）：52-53.
20. 孙立华.中美军队"海上医院"性能对比.航海，2010（01）：40-42.
21. 王绍杰.扬帆来访的"夸乌特莫克"号风帆训练舰.现代舰船，2009（09）：34-36.
22. 陈和彬.日本"鹿岛"级训练舰及其训练模式.兵器知识，2014（06）：

44–46.

23. 朱爱红，马强，于明灏，等.训练舰发展历程回顾与思考.实验技术与管理，2014（08）：227–230.

24. 刘永路.走向世界的八一舰——记中国第一艘远洋训练舰.现代军事，1995（03）：33–34.

25. 张全跃.人民海军"郑和"号远洋航海训练舰纪念郑和下西洋600周年.舰载武器，2005（07）：1–3，98.

26. 曹金平.人民海军训练舰的光辉历程.当代海军，2000（01）：25–26.

27. 张伟，李炬.海上课堂的别样味道.解放军生活，2014（12）：70–71.

28. 马晓步.图解综合补给舰.现代舰船，2010（08）：60–62.

29. 吴越.中国补给舰发展脉络.现代舰船，2011（03）：24–28.

30. 李红军.国外综合补给舰的发展现状与特点.现代军事，2015（05）：65–67.

31. 林一平.美海军超级补给舰即将亮相.当代海军，2001（01）：32.

32. 莫彤.海军训练舰纵横谈.现代舰船，2001（06）：26–27.

33. 罗婷婷.世界先进综合补给舰掠影.现代舰船，2011（03）：32–35.

34. 银河，祁长军.中日两国综合补给舰比较.舰载武器，2007（03）：7–8，16–26.

35. 何劲松.浅析人民海军960号新型综合补给舰.兵器知识，2016（02）：28–29.

36. 东方.伊丽莎白女王级的"粮草车"潮汐级舰队油船.舰船知识，2017（11）：86–90.

37. 黄家福.901型后时代中国海军补给体系仍需完善.舰船知识，2017（11）：76–80.

38. 许强.航母编队后勤传送带美国海军海上补给.舰船知识，2017（11）：81–85.

后 记

新中国成立以来，我国舰船与海洋工程装备从小到大，由弱变强，实现了跨越式发展，为捍卫我国海疆和保障国民经济的发展作出了巨大贡献。为了使广大青少年和公众读者了解到我国舰船研制的艰难历程和取得的成就，中国船舶及海洋工程设计研究院、上海市船舶与海洋工程学会、上海交通大学及上海科学技术出版社密切携手，编纂出版"国之重器——舰船科普丛书"，向中华人民共和国建国70周年献礼。

此套丛书编写得到曾恒一院士、潘镜芙院士以及80多位新老科学家的响应和支持，为其顺利出版奠定了基础。丛书编纂中，注重原创，努力将科学性、权威性、严谨性贯穿始终，把技术性、知识性、趣味性融于一体，把舰与船的专业知识从学术殿堂驶达青少年和公众读者的心田。

上海市船舶与海洋工程学会理事长邢文华、中国船舶及海洋工程设计研究院党委书记卢霖、江南造船（集团）有限责任公司董事长林鸥、沪东中华造船（集团）有限公司纪委书记胡敬东等领导对这套丛书的编撰出版予以多方支持和鼓励，并明确指示：该丛书的编撰是一项系统工程，要求高、时间紧、工作量大，要发挥科技人员的参与意识和普及"国之重器"科学知识的积极性，努力把丛书编好，使它成为一部向广大青少年和公众读者科学普及舰船知识，弘扬海洋文化，开展国防教育的好丛书。

100多位从事舰船及海洋工程科研、设计、建造的专家和老、中、青三代科技工作者参与了丛书的编写。撰写者大多是肩负科研任务的一线科研工作者，只能利用业余时间进行编写；他们不是专业的科普作者，但要完成从建造者到教育者、从设计员到讲解员的角色转换；学术著作可以精尖高深，科普文章却要浅显易懂，要像对学生上课一样，心口相传，绘声绘色，这对他们而言绝非易事。但面对困难，他们不曾退缩。在大家的心中，参与丛书编撰不仅是对投身舰船科研、设计、建造实践的重塑，更是为了中国造船事业后继有人、薪火相传。从领受编撰任务的那一天起，他们酝酿推敲、遴选谋篇、不辞辛劳、不舍昼夜，把对科学的爱、对祖国的情凝练成书香墨宝。

历经2年，这部丛书终于与读者见面了。丛书的编撰得到众多单位支持，并成立丛书专家委员会，严格遵循资料汇

总、提纲拟制、内容撰写、审查把关、全稿统筹的编纂规律,先后多次召开书稿初审会、复审会和终审会,确保内容准确、权威。

因此,"国之重器——舰船科普丛书"具有以下特点:

一是广泛性。丛书涵盖了当今世界主要舰(船)种,内容包括舰船的诞生、发展历程、关键系统设备和发展前景等,是目前已出版舰船科普丛书中较齐全、较系统的一套科普丛书。

二是原创性。目前市场上有关舰船方面的科普图书屡见不鲜,但引进的多,原创的少,而这套丛书立足于国内舰船研制历程,经过精心策划,历经2年的努力原创而成。

三是权威性。丛书由中国船舶及海洋工程设计研究院、上海市船舶与海洋工程学会和上海交通大学主编,联合江南造船(集团)有限责任公司、沪东中华造船(集团)有限公司、上海外高桥造船有限公司、中国海洋石油集团有限公司等单位,还成立了由曾恒一院士、潘镜芙院士领衔的专家委员会对丛书内容进行专业技术上的把关,保证了此书的科学性和权威性。

四是充满情怀。习近平总书记指出:科技创新、科学普及是实现国家创新发展的两翼,要把科学普及放在与科技创新同等重要的位置。丛书正是基于这一精神向全民,特别是青少年介绍舰船科技知识,弘扬科学精神,传播科学思想和科学方法,激发爱国热情,使全民关心、热爱、支持国防建设和舰船事业的发展,为实现强军梦、强国梦尽一份心力。

五是集体创作。老、中、青100多位科技工作者参加丛书编撰,每分册从提纲到初稿、定稿,均经众人讨论、修改,所以说丛书是集体创作的成果。

丛书编写过程中参考了一些书籍和报刊,引用了一些观点和图片,在此表示诚挚的谢意。

张文德、吴正廉总设计师对本书撰写提出许多宝贵意见,并进行了校审。在丛书出版发行之际,向各位专家、全体编撰人员,以及关心、支持丛书编撰出版的有关单位和个人表示崇高的敬意。

对于书中不妥之处,希望广大读者予以指正。

张 毅

2018年8月

国之重器——舰船科普丛书 出版工作委员会

■ **主 任**
温泽远

■ **副主任**
魏晓峰

■ **执行主任**
侯培东

■ **策划编辑**
楼玲玲　陈　立　潘慧中　陈晏平

■ **编辑人员**（以姓氏笔画为序）
王　辉　朱永刚　杨　燕　李　艳　李宏瑞　沈晓平　张　帆　张钰琼　陈　立　陈　晨
陈晏平　姚晨辉　高军晓　高爱华　黄丽芬　楼玲玲　潘慧中

■ **美术编辑**
赵　军　潘慧中

■ **技术编辑**
张志建　吕　伟　陈美生　王晓颖　王永容

■ **责任校对**
朱　虹　陈敏芳　卢文斌　李瑶君　翟　红

■ **发行推广**
罗小林　李　旻　杨　淦　朱旖旎　李宏瑞　陈　立　潘慧中　陈美生

■ **特约顾问**
田小川　李维靖

本书内容由中国船舶及海洋工程设计研究院审定。本书所使用的图片由中国船舶及海洋工程设计研究院、上海市船舶与海洋工程学会、上海交通大学、江南造船（集团）有限责任公司、沪东中华造船（集团）有限公司、上海外高桥造船有限公司、中国海洋石油集团有限公司、中船重工第七一四研究所、少年儿童出版社等提供。

特别说明：本书中可能存在未能联系到版权所有者的图片，请见书后与上海科学技术出版社联系。

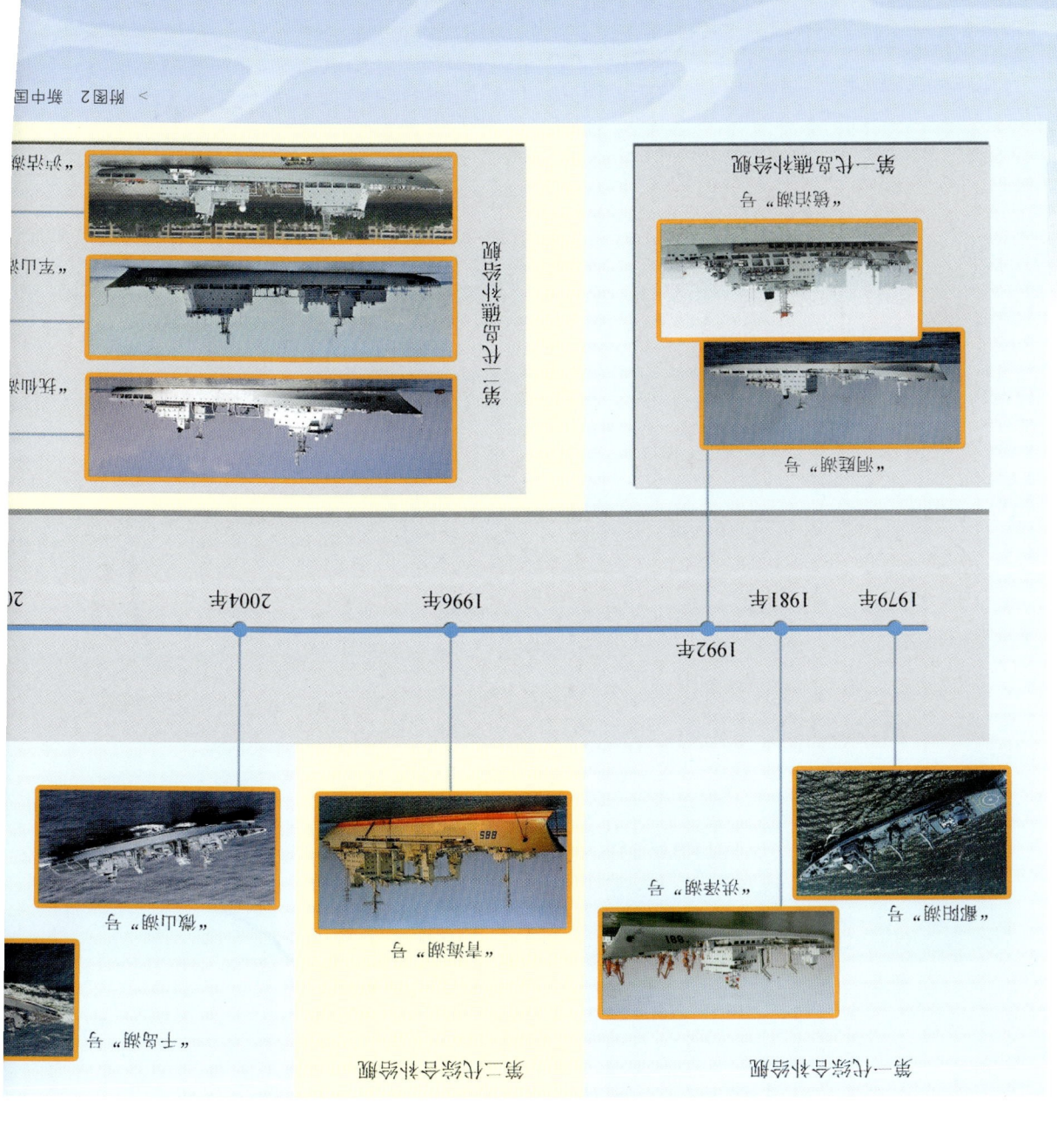

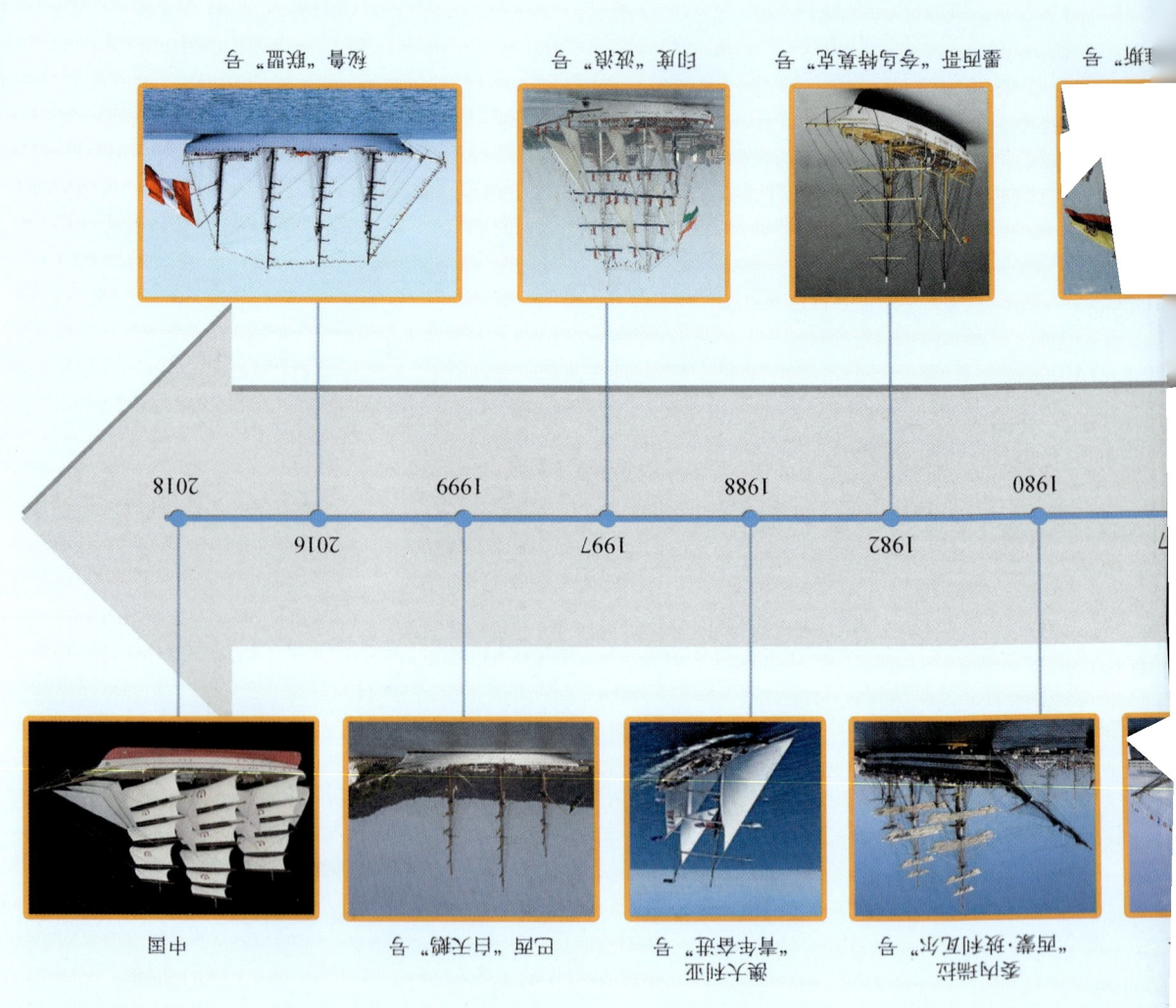

历届航母落成时间示意图

18艘亨利·凯泽级油船、5艘大锡马隆级油船

20世纪80年代

20世纪90年代

4艘供应级快速战斗支援舰

给舰主要发展历程

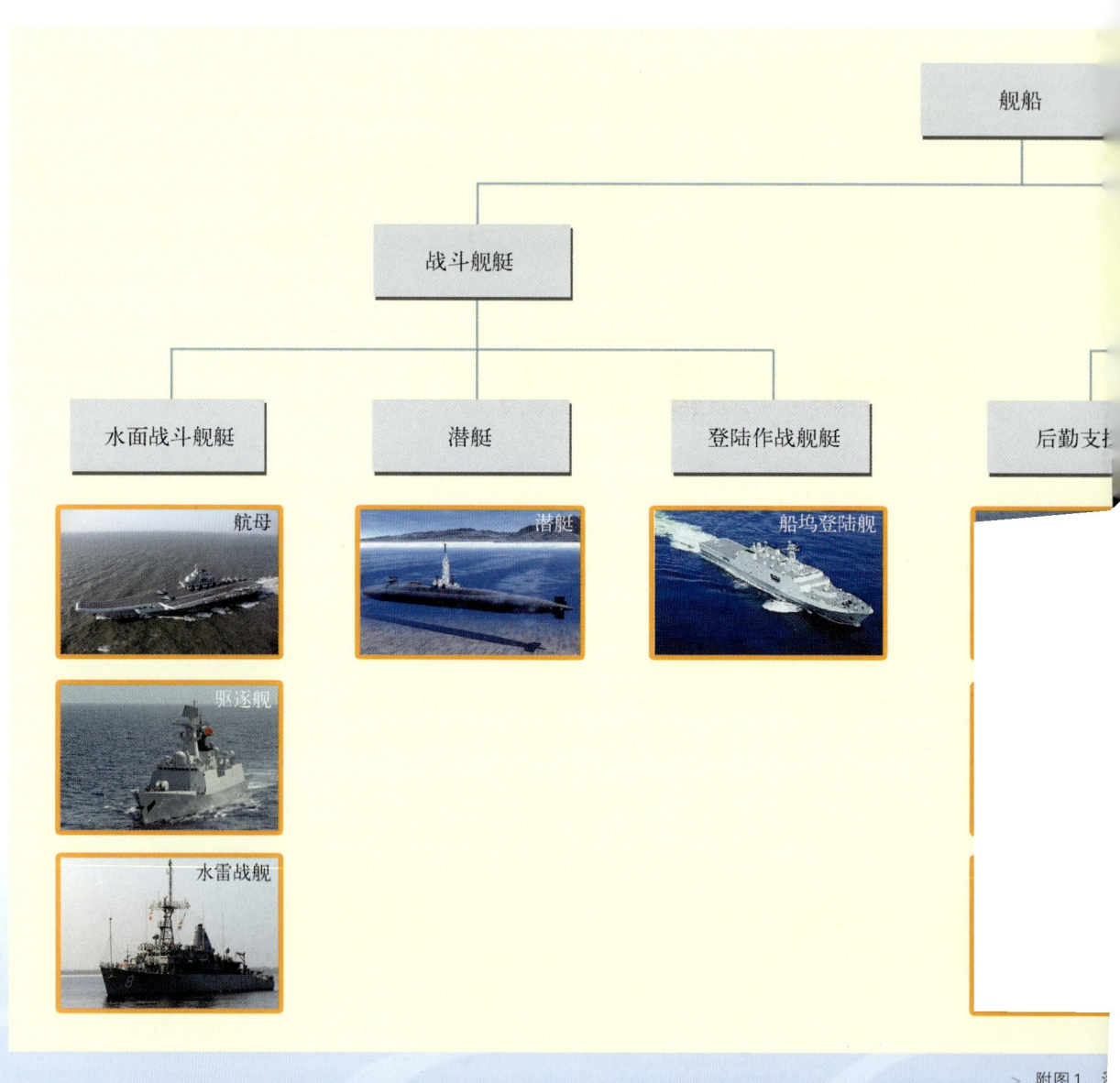

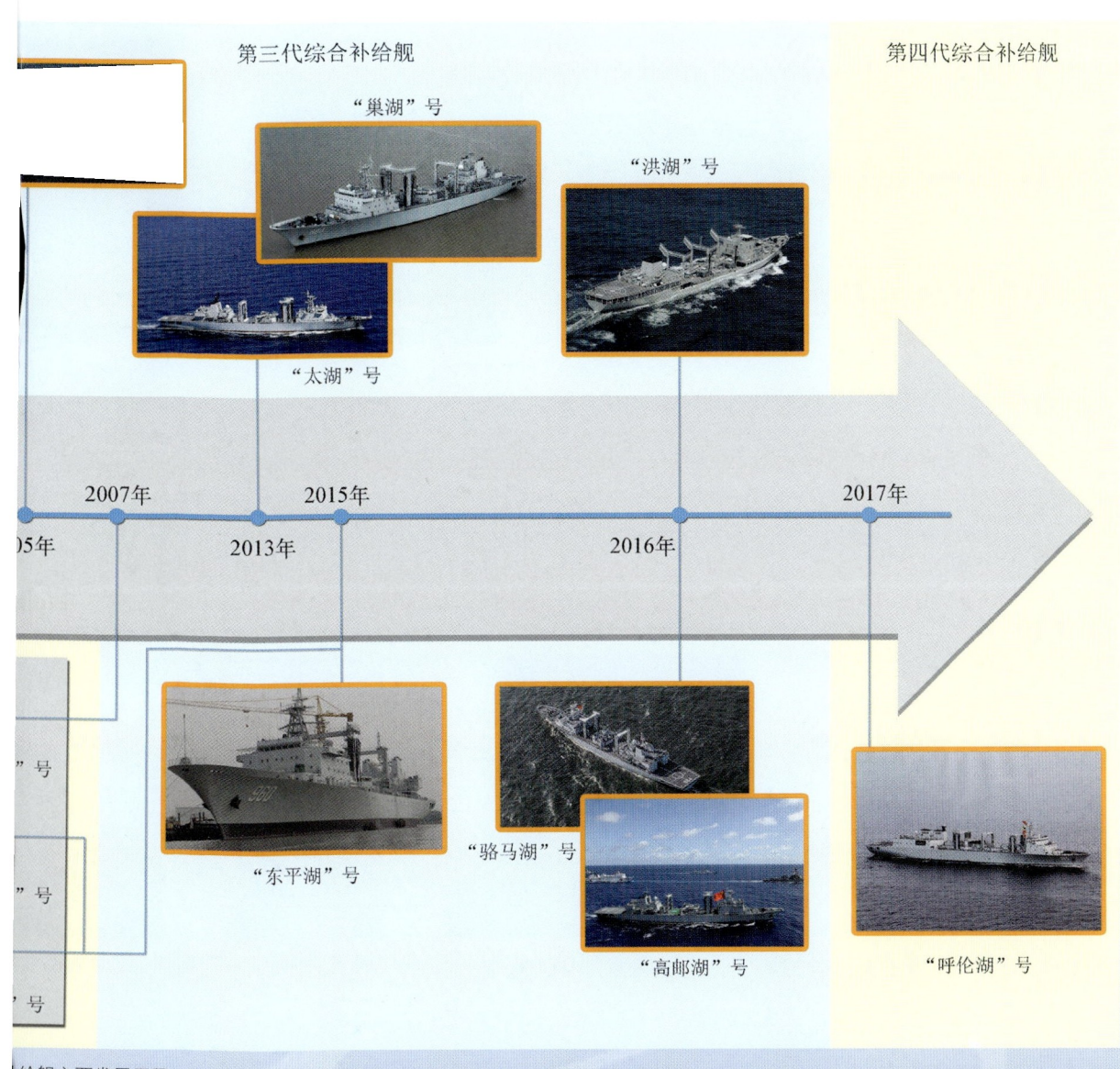

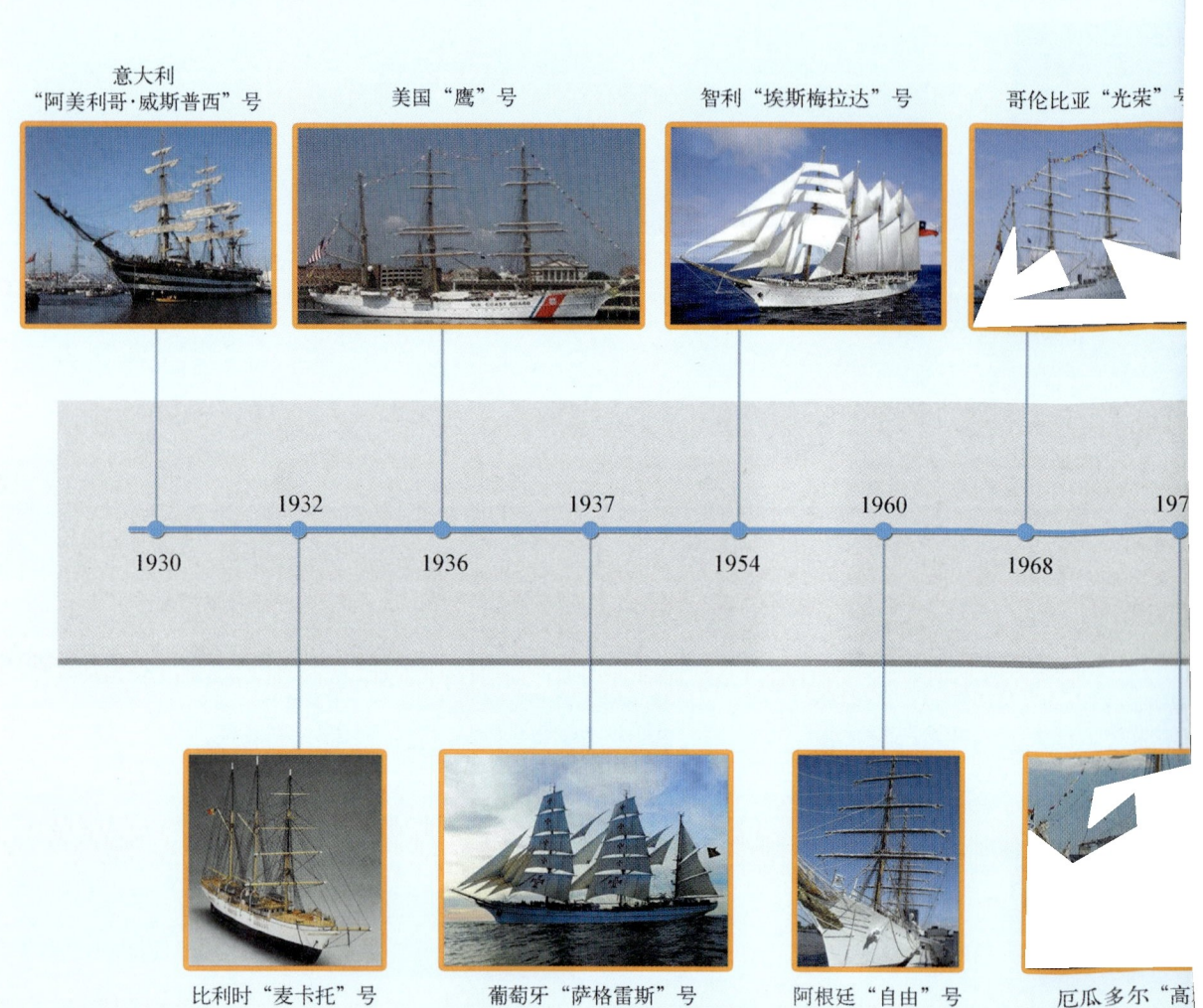

> 附图4 世界知名风帆

4艘萨克拉门托级快速战斗支援舰

20世纪60年代

20世纪70年代

7艘威奇塔级综合补给舰

> 附图3　美国

支援舰(勤务舰船)

- 情报侦察舰
- 试验支援舰
- 训练支援舰

海洋调查船
电子侦察船
海洋监视船

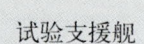
航天跟踪测量船

舰载武器试验船

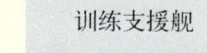
专业训练舰

综合训练舰